U0458047

江苏省优势学科建设工程三期项目

人格转型论

THEORY OF PERSONALITY
TRANSFORMATION

徐强 ◆ 著

上海三联书店

序　言

　　社会的变化发展总是伴随着人的变化发展,反之,人的变化发展也推动着社会的变化发展。而在人的变化发展中,人格的提升和培育是关键。

　　前北京大学校长蒋梦麟先生早在1918年就曾经呼吁进化社会的人格教育,并将养成健全之人格作为平民主义教育的三大任务之一。著名教育家陶行知也曾号召人们把自己的私德健全起来,建筑起"人格长城"来。由私德的健全,而扩大公德的效用,来为集体谋利益。可见,无论对于个人还是社会而言,健全人格都显得至关重要。

　　美国著名文化人类学家和社会心理学家英格尔斯(Alexlnkeles,1920—)在对人的现代化问题上作了长期研究后,告诫世人:身处现代化进程中的人如果没有经历人格从传统到现代的转变,即人自身还没有从心理、思想、态度和行为方式上都经历一个向现代化的转变,那么,失败和畸形发展的悲惨结局就是不可避免的。他甚至认为,现代化应该是"先化人后化物",不如此,物的现代化就会掩盖人的现代化,从而出现物支配、奴役人的现象。在他看来,一个物役化的社会是难以称之为真正的现代化的。他说:"一个国家,只要当它的人民是现代人,它的国民从心理到行为上都转变为现代的人格,它的现代政治、经济和文化管理机构中的工作人员都获得了某种与现代化相适应的现代性,这样的国家才可真正称之为现代化国家。"①可见,社会的现代化不只是物的现代化,更是人的现代化。现代化的最终目标是人,而现代化的衡量尺度也离不开人。

我们处于社会的转型时期。就我国目前社会现状来看,我们正处于由计划经济向市场经济、传统社会向现代社会的过渡阶段。由于计划经济向市场经济的转接,催生了我国从传统社会向现代社会的转变。传统农业社会向现代工业社会的转型,使得整个社会经济、政治和文化各个层面都发生了深刻变化。这种变化是全方位的、根本性的,它的影响也是全方位的、根本性的,是一种结构性的转变。社会转型越是向纵深发展,越是需要我们看清社会的变迁,以现代眼光看待我国目前社会存在的各种问题,并结合社会问题寻求解决方案和答案。当前我国已跨入中国特色社会主义新时代,中华民族迎来了从站起来、富起来到强起来的伟大飞跃。与此同时,作为后发的现代化国家,我国也处于社会的现代化和人的现代化的关键期,既承载着实现中华民族伟大复兴的历史使命,又担负着建设现代化强国的时代重任。在此特定历史时期,国民人格就显得尤为重要。

我们也处于一个人的转型时期,即由传统人向现代人、传统人格向现代人格的转变时期。由于社会的巨大变迁,它会带来人的生活方式、思维方式和行为方式的变迁。在传统社会,由于受特定社会历史条件的限制,个人身上也带有明显的传统社会印记,具体表现在个人缺乏独立性、主体性,个人人格具有依附性、道德性等特点;而在现代社会,个人则要求具有独立性、主体性,个体人格则需要体现自主性、规范性等特点。我国目前尚处于社会的转型期,个人人格上也带有转型期的不确定性、动荡性,一方面顺应社会的变迁,我们已有的人格基

---

① 英格尔斯:《人的现代化》,殷陆君译,四川人民出版社1985年版,第8页。

点发生了一定程度的偏移;另一方面新的人格基点尚没有确立,个体在行为上表现出犹疑不决或无所适从。从总体来看,个人人格基本处于自发状态,尚未形成自觉的现代人格意识和现代人格理念,养成积极健康的现代人格精神、塑造出成熟的现代社会人格。

个人人格从自发到自觉的转变,需要通过个体与社会的双向互动才能实现。就一般而言,个体在适应社会的过程中形成自发人格,它既在一定程度上反映了社会变迁,又带有个体的身份特质,反映着个体不同的特性。一定社会条件下自发人格的形成都带有历史的合理性,它是现实的人的现实人格,但从社会评价尺度来说,个人在一定社会状态下产生的自发人格并不等于就是这个社会的理想人格,个人的自发人格只有进一步提升到自觉人格才能满足社会发展的需要。自觉人格是在自发人格的基础上加以引导,得到个体的认同或共鸣,从而使得人格得以提升和矫正,满足和符合社会和个体发展的需要。自觉人格是一个时代的成熟人格,它是遵循人的心理规律,按照一定的社会预期进行的人格型塑。一个社会成熟的标志是人的成熟,而人的成熟的标志是成熟人格的形成。通常自发人格走向自觉人格是由社会发动的,它是一种社会行为,是社会应担负的责任和使命。只有当社会缺乏足够的人格意识、人格培育缺失时,它才成为个体行为。自觉人格体现着社会对个体的规范和要求,表达着社会对个体的预期和希望。正因为如此,自觉人格更能体现社会特性,它首先是一种社会人格。

但值得注意的是:社会需要和个体需要之间存在一定的差异性,因而在对人格的指认上也会存在一定的差异。我们需要承认这种差异,并且尽可能地处理好它们之间的关系。在这里,对个体的尊重始终是前提。尤其是在个体的身份人格中带有鲜明的个性色彩,在不违反社会准则的前提下,应尽可能保护个体的个性,尊重个体表达自身的权利,维护个人的尊严。尊重既是个体间的相处之道,也是社会和个人之间应遵循的基本原则。当然,对于个体而言,不能以彰显个性为由有意做出格的事。特立独行的个性与对社会基本准则的遵守并不违背,相反,只有在遵循社会规范的前提下,个性才能够得以保证。美国当代著名的人格心理学家 L. A. 珀文(Lawrence A. Pervin, 1937—2016)在《人格科学》一书中曾说:"鉴于个体的独特性和形成个体的作用力量的多样性,理解人格是一个比理解粒子、元素和基因困难得多的任务。"①

在马克思看来,人是关系的存在物,在社会生活中,人首先是被各种社会关系所规定的。人无法超越社会关系,总是在一定的社会关系下生存和发展。这就需要社会尽可能地调节好经济、政治和文化关系,为个人发展提供更大空间。与此同时,个人也需要发挥自己的主观能动性,打破各种关系的限制。在利益化的社会和同样利益化的群体中,虽然个人无法摆脱利益的纠缠,但是,个人却可以不唯利是图、见利忘义;虽然人与人的关系被功利化了,但是个人却可以坚持原则、不为利益所左右。从这个意义上来说,加强人格塑造,实现人格转型就显得尤为重要。

对于个人来说,人格是人之为人的一种规定,是一个人在社会上安身立命之本。拥有高尚人格的人往往受到人们的尊敬和爱戴,相反,那些人格扭曲、人格分裂、人格反常甚至人格丧失的人常常受到人们的鄙夷和轻视。人格不仅关乎个人,而且关乎国家。唯有人格才能撑起一个人的存在,进而撑起一个国家的存在。国家的强大不只是经济的、物质的强大,更是精神的、人的强大,而人的强大则取决于人格的强大。对于一个现代化国家而言,必须有与之相匹配的拥有现代人

---

① L. A. 珀文:《人格科学》,华东师范大学出版社 2001 年版,第 480 页。

格的现代人。总之,一个强大的现代化国家,不仅有赖于高度发达的物质文明,而且有赖于高度发达的精神文明,有赖于国民的精神壮健。对于今日中国而言,我们迫切需要唤醒人们的人格意识,培养现代人格精神,拥有健康人格,尊重他人同时赢得自尊。唯有如此,我们才能做一个有格调的现代人,才能拥有一个文明的现代社会。

就目前而言,在现实社会生活中,尽管我们已经做了一定的积极引导工作,但离形成统一自觉、健康成熟的社会人格还相距甚远。由于缺乏现代人格意识和人格精神,我们屡屡看到社会上一个个巨婴的存在:既有耍赖撒泼的,又有蛮横无理的;既有胡搅蛮缠的,又有偷奸耍滑的。既没有自我的尊严感,又缺少对他人起码的尊重;既无做人的气节,又无做人的风度。长此以往,社会的基本秩序得不到维持,道德规范得不到遵守,社会风气也就难以真正好转。

人格既是一个理论问题,也是一个实践问题。我们不仅要揭示人格的内在本质,把握人格的发展规律,而且要探求人格的塑造途径,提升人格的培育效果;不仅要把人格转型与社会转型结合起来,而且要把人格认知与人格塑造结合起来。在新的历史时代,人格塑造不仅是社会转型的需要,也是培育社会主义新人和建设者的需要。

在人格塑造中,我们要注重文化的培育。文化人格学家们都非常重视文化在人格塑造中的作用。在荣格看来,人格是文化的最后成果,而巴尔诺则把人格视为文化的积淀,林顿专门研究了人格的文化背景,揭示了文化、社会与个体的关系,认为由社会成员共享的价值体系等共同的人格因素会形成整个社会的“基本人格型”,并在人们的社会生活中发挥重要作用。因此,大力加强社会主义文化建设,创设人格塑造的良好社会文化环境就显得尤为重要。此外,人格塑造还要特别抓住青少年这一关键期,根据青少年的自身特点,采取积极有效的措施提升人格的自觉性和层次性。

综上所述,人格转型是社会转型的内在要求。随着我国由传统社会向现代社会的转型,客观上提出了人格转型的任务。人格转型是社会的经济、政治、道德以及文化等诸种因素变化发展的结果,它是社会要求在个体身上的综合反映。个体需要认清社会的发展趋势,不仅实现由传统人格向现代人格的转变,而且实现由自发人格向自觉人格的转变。

目　　录

理论篇

第一章　文化与人

人创造了文化,同时也是文化的产物。人类创造文化的历史,同时也是人类自身发展的历史。一方面,人的活动成果以文化的形态保存下来,并且形成传统,通过文化表征着人的存在;另一方面,人又生活在文化之中,受文化的熏陶和塑造。积极健康的文化有助于人的进步和发展,反之,则会阻碍人的进步和发展。正确处理文化与人的关系,继承人类的优秀文化遗产,不断创造先进文化,对人的塑造至关重要。

一、人是文化的产物

在《辞海》中,对文化的释义分为广义和狭义两种。广义文化指人类在社会实践过程中所获得的物质、精神的生产能力和创造的物质、精神财富的总和。狭义文化指精神生产能力和精神产品,包括一切社会意识形式:自然科学、技术科学、社会意识形态。有时又专指教育、科学、文学、艺术、卫生、体育等方面的知识与设施。无论是广义文化,还是狭义文化都是与人类相关联,并且是人类所创造的。人类发展的历史既是一部生产发展的历史,同时也是一部文化创造和发展的历史。人类在生产过程中创造了文化,而文化反过来又影响着生产,创造了人自身。

随着人类文明进程的推进,人类创造的文化越来越丰富。人类既创造了物质世界,同时也创造了属人的文化世界。文化既表征着人的存在,又日益凸显出对人的塑造作用,这也引起了思想家们的高度重视。美国人类学家 V. 巴尔诺(Victor Barnouw,1915—1989)就从不同侧面探讨了文化对于个人的影响。他不仅基于大量人类学的实证材料揭示了文化的内在人学意蕴,而且直接从人与文化的关联性上给出了文化的定义。他说:"一文化是一群人共有的生活方式,是全部多多少少定型化了的习得性行为模式组成的构型,这些习得性的行为模式凭借语言和模仿代代相传。"①既然文化是人的"习得性的行为模式",那么,文化从根本上来说也就是"人化",是人的存在的表征。巴尔诺认为,文化对人的影响可以有两个方面:一方面,一个社会的文化为人们提供了应付这个世界的手段,提供了人们对于这个世界的主要看法;另一方面,它也可能对个人产生威胁性的影响,例如有关鬼魂、恶神、巫术的信仰,都可能使人产生世界是危险的、邪恶的看法。人类如果没有文化将会丧失自己,但当人类从文化中获益良多之际,从某种程度上看,他也经受了其所由以出生的文化的塑造。文化有好坏优劣之分,人们既受好文化的塑造,也可能受坏文化的影响。不论某一文化的状况如何,一旦具备了某一文化一整套的定型观点、认知习惯,并由此去了解世界,人们就可能会丧失选择其他行为和理解模式的能力。所以,巴尔诺把个体人格看成是文化的积淀,通过这种文化的沉积,个人既具有了不同的文化特征,又具有了不同的人格样态。这样一来,从某种意义上来说,人就是文化,文化就是人,人与文化休戚相关。只有在文化中,我们才能理解人;而对文化的理解,间接地也是对人的理解;对文化的创造,间接地也是对人的创造。

---

① [美]V. 巴尔诺:《人格:文化的积淀》,周晓红等译,辽宁人民出版社 1989 年版,第 6 页。

美国当代著名人本主义思想家、西方马克思主义理论家埃里希·弗罗姆(Erich Fromm，1900—1980)同样关注文化与人的关联性。他着重探讨了文化的起因问题，从文化的起源上彰显了人学的意义。他认为人刚生下来时，在所有动物中，是最无能的。人对自然的适应，主要靠的是学习，而不是由本能所决定的。"当受本能支配的行为固着(fixation of action)的丧失超过了一定的限度时，当对自然的适应已不再具有强制性这一特点时，当行为的方式不再固定地由遗传的先天机制所决定时，人类就诞生了。"①由于人类不具有动物所拥有的本能，所以，人类对父母的依赖时间要比任何动物长，对环境的适应能力也没有像动物依靠本能那样来得迅速和有效。"他必须要经受由于缺乏本能的装备所带来的所有的危险和恐惧。然而，正是这种人的孤弱成了人类赖以发展的基础，人类在生物学上的弱点，是人类文化产生的条件"。② 在这里，弗罗姆把人类的文化看成是人类自身在丧失本能的情况下自我保护的必要手段。一旦人类创造了文化，他的行为就不是由本能先天决定的，而是后天由人自身的能力所决定的。人创造了文化，通过文化来弥补自己先天的不足，这就使人在越来越大的程度上摆脱了由遗传所获得的先天规定性，而成为一个不断创造自身的未知的、开放的人。

弗罗姆的这一观点肇始于哲学人类学思想。哲学人类学产生于20 世纪 20 年代，首创者是德国的哲学家马克斯·舍勒(Max Scheler，1874—1928)。其产生初衷是在理论上反对近代欧洲哲学从笛卡儿的"我思故我在"的哲学原则出发的知识本体论，试图通过对人的本体论的进一步追问来达到对近代哲学的超越。而它产生的深层根源则在

---

① ［德］埃里希·弗罗姆：《逃避自由》，陈学明译，工人出版社 1987 年版，第 50 页。

② ［德］埃里希·弗罗姆：《逃避自由》，第 51 页。

于 20 世纪初期由世界性的经济危机所带来的政治动乱、社会动荡以及战争的威胁。这使得人们对以往依靠知识或理性生活的合理性产生了怀疑,进而对人的整个生存意义产生了动摇。哲学人类学的产生就是反映了思想家们对身处危机之中的人的命运的担忧和关注。既然人类是文化的产物,那么,在人类文化颠覆了人类生活的危难时刻,实现文化的重塑就势在必行。

哲学人类学的集大成者是德国思想家米夏埃尔·兰德曼(Michael Landmann, 1913—1984),他的名著《哲学人类学》就是依据人类史的材料,对人的本质以及人的结构问题做了发人深省、富有启发性的研究,而他的结论也因此变得更具有意义和价值。兰德曼认为,"哲学人类学"本身就暗示了其他类型的人类学的存在,如体质人类学、人种学人类学等等。但这些人类学都预先假定了关于人的本质的知识,并且仅仅考察人的外部特征或文化成就。哲学人类学则要考察被这些科学视为当然的那些知识,并深入探讨使人同所有的其他存在物形成对照的基本本体论结构。在兰德曼看来,人的结构包含三个方面,即人的非专门化、人与动物不同的生长节奏和人向世界的开放。不同的动物都具有不同的专门化的器官,具有先天获得的特殊的技能,而人却缺乏动物所具有的专门化器官的本能。这看起来对人是不利的,但实际上却为人的发展提供了可能。对于动物来说,一切都是固定的、不可更改的,而对于人来说,一切都是未知的、可创造的。人正是依靠自己的思考和创造来弥补了自身与动物相比的先天的不足,使人成为一个唯一拥有自身创造的历史的存在物。动物的历史归根到底是"适者生存"的历史,只有人的历史才是"自我创造"的历史。由于这一原因,这也使得人具有了与动物不同的生长节奏。人从孩童时代起就生活在特殊的社会和文化的环境中,接受主观的智力训练。凭借这种主观智力,人在垂暮之年仍然能保持永恒的青春。由以上的两个原因还造成了人"向世界开放"的特征。人不仅以自己的富有创造性的理智把握世界,而且创造了一个属人的世界,即文化世界。正因为人还在文化世界中成长,才实现了对自然世界的超越,完成了动物向人的转变。

这样,兰德曼就把对人的理解引向了对人的文化世界的理解。在他看来,人生活于自然世界,更生活于文化世界;而人生活于文化世界,同时又创造文化世界。文化才是人的最深层的本体解释,因此,文化人类学才是"最有希望的、属于未来的人类学"。而人的本质就是由无定形的、非专门化、可塑性和自我教育构成的。它不是指结果,而是指不断产生结果的过程。人归根到底是一个在不断创造着的"文化的人",是被文化创造并且又创造文化的人。人是文化的产物,又是文化的源泉。人的一切活动指向始终是人,而文化不过是塑造人的手段而已。兰德曼分别从"人是文化的存在"、"人是社会的存在"、"人是历史的存在"以及"人是传统的存在"几个方面对"作为文化产物的人"做了全面、详尽的阐述,向我们展示了一幅"文化人"的全景式画面。

首先,人是文化的存在。兰德曼认为,我们是文化的生产者,同时文化也生产了我们。"人类常常生活在某种双重的历史意识中,它把它自己同时看作年轻的和年老的,站在开端的和立于终点的。这两方面都是真实的:作为依然创造着未来的东西,它是年轻的;作为已被过去所创造的东西,它是年老的"。[①] 因此,"我们仅仅询问人的身心品质,我们就不能理解他。除了研究身心品质之外,还应研究他在客观精神中的根;除了研究他生而有之的自然品质之外,还应研究文化制约作用——只有这样我们才能完全理解他"。[②] 在这里,兰德曼非常明

[①] 〔德〕米夏埃尔·兰德曼:《哲学人类学》,张乐天译,上海译文出版社 1988 年版,第 217—218 页。

[②] 〔德〕米夏埃尔·兰德曼:《哲学人类学》,第 218—219 页。

确地指认了人与文化之间存在着的交互作用关系:一方面文化在塑造人的方面发挥着举足轻重的作用,可以说没有文化也就没有人;另一方面文化又是由人创造的,离开了人的创造,文化就会枯竭。所以"文化没有人去实现它就不会存在。但是人没有文化也将是虚无。每一方都对另一方有不可分离的作用。任何把两个互相交错的部分从整体中分离的尝试都必然是不自然的"。[①]

其次,人是社会的存在。兰德曼引用费希特的话说:只有在人群中人才成为一个人。如果人要存在,必须是几个人。可见,严格来说,人只有在共同体中才是真正的人。一旦离开群体便不成其为人。在"人群"中意味着人不能脱离群体而生存,因为作为一个共同体,群体不仅是一个文化的领域,而且是全部文化的保存者和传递者。人只有在社会群体中才能成为文化的存在,脱离了社会也就意味着脱离了文化,意味着人失去了使人成之为人的根本。兰德曼认为,特定的行为在动物中是自然地发展起来的,但是人只有生长在他的同类的一个承受传统的群体中才能成为一个完全的人。因为文化的载体首先是群体,然后才能传授给个人。即使个人也同样可以成为文化的载体,但他必须在人类群体中才能成为文化的载体。一旦个人脱离了社会,即使个人有比动物更强的适应能力可以帮助人生存下来,那么,人也因失去了自身的社会本质而成为"非人"。

兰德曼还认为,仅仅从社会环境出发还不够,还不足以说明人。如果人在社会中不参与创造文化产品,人依然不能获得人性的完善,不能成为完整意义上的人。所以,他特别强调人对社会的参与性。一个人身处社会之中,如果不参与文化产品的创造,就会影响到个人的发展以及人性的完善。他说:"虽然我们属于一个社会结构,但仅仅这

---

① [德]米夏埃尔·兰德曼:《哲学人类学》,第219页。

一点本身并不构成我们人性的完善。人性的完善只有通过参与文化产品（包括非社会的产品）才能发生。"①参与文化创造之路要通过社会，但社会只是文化的前提。仅仅说明人是社会的人，还不足以真正触及人，只有从文化塑造的角度才能理解人，才能够说明人的变化发展的根源。正因为如此，兰德曼才说："因此社会人类学是不够的。惟独文化人类学才触及问题的核心。"②在他看来，只有通过文化，通过个人参与文化的创造，才能证明人的存在。而一旦脱离文化创造，则会使个人逐渐丧失社会的存在价值。

此外，兰德曼在说明人是社会的存在时，并没有忘记说明社会与个体之间的关系。他说："人是最高程度的社会存在，这一点并不与他同时是最高程度的个体的存在这一事实相矛盾。人作为文化的创造物是社会的；人作为文化的创造者是个体的。"③可见，个人不是脱离群体才成为个体，相反，正是由于文化的中介，他只有在群体中，在自己的创造性的劳动中才成为个体。在现代社会中，保持个人个性的独立性，使社会保持必要的发展张力，是现代社会的重要特征。社会越是往前发展，就越会尊重个人的个性，并且给个人个性的发展提供更大的发展空间。这是个人发展的要求，也是社会发展的体现。

第三，人是历史的存在。兰德曼以蜜蜂为例，认为几千年来蜜蜂一直建筑着同样的巢穴，而人却获得了进步，这是因为"作为一种文化的存在的人也是一种历史的存在。这蕴含着双重意义：他既有高于历史的力量又依赖于历史；他既决定历史又为历史所决定。"④人们在历史中积累着创造的力量，没有历史的积淀，就不会有人类的进步。

---

① ［德］米夏埃尔·兰德曼：《哲学人类学》，第220—221页。
② ［德］米夏埃尔·兰德曼：《哲学人类学》，第221页。
③ ［德］米夏埃尔·兰德曼：《哲学人类学》，第220页。
④ ［德］米夏埃尔·兰德曼：《哲学人类学》，第221页。

兰德曼总结道："总之，正如上面所指出的，我们不仅是文化的建设者，我们也为文化所建设；个体永远不可能仅仅通过他自己而被理解，相反，只有通过那支撑和影响着他的文化先决条件才能被理解。"[①]"我们创造历史的自由为我们的束缚于历史中的存在所平衡———一方面是生产力，另一方面是可塑性；所以，人是和他的改变着的环境一同被改变的。"[②]人类的发展史表明：我们是更强有力地被文化因素所决定，而不是被遗传因素所决定。人是通过塑造文化间接地塑造自己，而文化又是在人们创造生产力的过程中被创造的。

人赋予自己的所有的历史面孔实际上都是暂时的、可变换的。任何人的历史面孔都具有多样性和等价性。说人的历史面孔的多样性，是因为在不同的历史条件下，人的外观的历史样式是不同的。而即使在同一历史条件下，人的历史样式也有所不同。说人的历史面孔的等价性，是因为在相同的历史条件下，个人的历史样式具有历史的近似性。可见，人的一切都是不确定的、历史的，唯一永恒的就是人的创造性和可塑性。兰德曼认为："在所有变化中持续存在的人类特质就是：人能够而且必须一次又一次从他的根本的不确定性（这种不确定性包含了无结构性、可塑性和自我教育的使命）中给出自己的面貌。"[③]正因为人的面貌是由人的不确定性给出的，所以，人才不可能始终保持一副面孔，而是实现着历史的"变脸"。

人的不确定性的特质，无疑为我们对人的塑造增强了信心。相对于人的不确定性来说，动物的特质则是确定性。动物的确定性特质是由遗传性决定的，而人的不确定性特质是由文化性决定的。尽管在人身上并不缺乏遗传性，而且永远摆脱不了遗传性。但是，相对于文化

---

① ［德］米夏埃尔·兰德曼：《哲学人类学》，第 224 页。

② ［德］米夏埃尔·兰德曼：《哲学人类学》，第 224—225 页。

③ ［德］米夏埃尔·兰德曼：《哲学人类学》，第 226 页。

来说,遗传只能决定人的自然性,只有文化才能决定人的社会性。在一定的文化中,人具有了不同的社会性,由此形成了不同性质的人。从根本上来说,人的不确定性,也就是人的可塑性,就是文化的创造性。

最后,人是传统的存在。动物行为是由它的生物遗传这一自然属性支配的,它以遗传的方式来传递技能,而人是以另一种纯粹精神的保存形式来取代了遗传。"这另一种保存形式被称为传统。"①兰德曼认为,"我们越深入地追溯历史,我们就发现人们越虔诚地依附于他们的不容亵渎的传统。"②人们凡要保持下来的东西总被构筑于传统中;当要保存下来的东西在现实生活中没有位置时,传统就通过建立年年重复的节日来为它找一个位置;在节日的这一天,过去的事件得到了重演。对于个人来说,传统具有特别的意义。传统是由人创造的,但传统反过来又创造了人。不同的传统,会造就不同的人,这与动物的生物学遗传具有根本的差异。人类创造了文化,并以传统的方式保留下来,留传下去,文化创造越丰富,传统积累就越深厚。

兰德曼认为:"对于个体来说,不仅平常的人,甚至最伟大的天才,他之作为被文化所形成的人远甚于作为文化的形成者。""虽然人是生而自由的,但他成长于其中的传统仍迫使他成为一个存在和行为的先在图式的实行者。"③那么,人们到底是如何来接受传统的呢?兰德曼认为,对于人来说,一方面是通过模仿,另一方面是通过教育来传递知识和技能的,"传统的一半是学习,另一半是讲授"。④通过学习和讲授,才会有对传统的继承,也才会有传统本身。对于人来说,传统不是

---

① ［德］米夏埃尔·兰德曼:《哲学人类学》,第228页。
② ［德］米夏埃尔·兰德曼:《哲学人类学》,第231页。
③ ［德］米夏埃尔·兰德曼:《哲学人类学》,第229页。
④ ［德］米夏埃尔·兰德曼:《哲学人类学》,第228页。

可有可无的,它已经成了人的宿命,只有在传统中,人才成其为人。然而,另一方面人们不打破传统,就不能实现人自身的发展,不能成长为新人。传统既为人们提供了以往世代所创造的文化的滋养,恰恰也为人们提供了打破传统的条件。它提供了一个舞台,人们不只是在上面舞蹈,而是上演着自己所创造的一幕幕活剧。

每一个人都被镶嵌于某种传统中。人们身处传统之中,从表面上看受到了制约、限制,但是,从另一方面来看,传统并没有剥夺个人达到新知的权利,人们在传统中可以获得更多、更高级的文化财富,积聚超越传统的力量,并最终实现对传统的超越。不仅如此,由于传统模式的自身特征还决定了人们不仅能够进入传统,而且能够走出传统、改变传统。而人们不生活于传统,也就无法超越传统。人类这一矛盾的存在处境要求人们既不能为传统所累,深陷传统而不能自拔;又不能丢弃传统,失去进一步发展的动力和基础。

传统之所以需要打破并且能够被打破是因为:传统模式存在着裂缝,它们不可能支配我们生活的每一个细节;传统模式不是绝对清晰明了的,它们需要解释,或至少需要考虑解释;传统模式不是僵化的,它并不像遗传那样具有绝对的约束力。可见,我们毕竟始终与传统保持着一定的距离。我们通过这段距离或肯定传统,或否定传统。当传统不再与我们的需要一致时,我们能够抛弃它或反抗它。传统不应是我们身上的一副枷锁,而是我们可资利用的财富。正确地对待传统,也是间接地在善待自己。当我们在为传统所累时,其实我们已经失去了自我,最终只能导致自我的毁灭。

二、人是"符号的动物"

德国现代著名哲学家恩斯特·卡西尔(Enst Cassirer,1874—1945)也从文化视角来探讨人的问题。他的名著《人论》的副标题就是

"人类文化哲学导引"。《人论》是他在晚年所写的三卷本的《符号形式的哲学》一书的英文简本，但同时又包含了许多新的事实、新的问题，更能代表他的成熟的思想。在这本书中，我们可以看到卡西尔对人的独具特色的文化符号解读方式。

在卡西尔看来，人与其说是"政治的动物"、"理性的动物"，不如说是"符号的动物"。但与动物所不同的是：动物只能按照现实世界发出的"信号"作出条件反射，而人则是把信号改造成有意义的符号（如语言、艺术、神话、宗教等），并且利用符号来创造出一个文化的世界。所以，人不仅生活在物理世界中，而且生活在文化世界中。人是符号的动物，说到底人是文化的动物。人的历史是不断创造文化的历史，而文化的历史也就是人类的历史。人只有在文化中才成其为人，而人只有创造文化才能成为人。因此，对人的研究归根到底归结为对文化的研究。离开了人的文化背景，人就无法成为人，也就无从理解人自身。

卡西尔以人类文化为依据，对人的定义作了全新解析。他说："《符号形式的哲学》是从这样的前提出发的：如果有什么关于人的本性或'本质'的定义的话，那么这种定义只能被理解为一种功能性的定义，而不能是一种实体性的定义。我们不能以任何构成人的形而上学本质的内在原则来给人下定义；我们也不能用可以靠经验的观察来确定的天生能力或本能来给人下定义。人的突出特征，人与众不同的标志，既不是他的形而上学本性也不是他的物理本性，而是人的劳作（work）。正是这种劳作，正是这种人类活动的体系，规定和划定了'人性'的圆周。语言、神话、宗教、艺术、科学、历史，都是这个圆的组成部分和各个扇面。因此，一种'人的哲学'一定是这样一种哲学：它能使我们洞见这些人类活动各自的基本结构，同时又能使我们把这些活动理解为一个有机整体。语言、艺术、神话、宗教决不是互不相干的任意创造。它们是被一个共同的纽带结合在一起的。但是这个纽带不是一种实体的纽带,如在经院哲学中所想象和形容的那样,而是一种功能的纽带。我们必须深入到这些活动的无数形态和表现之后去寻找的,正是言语、神话、艺术、宗教的这种基本功能。而且在最后的分析中我们必须力图追溯到一个共同的起源。"①在这里,卡西尔把动态性的人的劳作当成了人的突出标志,并由此把人的定义不是看成确定的实体性定义,而是不确定的功能性定义。在人的劳作中,创造出了语言、神话、宗教、艺术、科学、历史等等各具形态的文化形式,它们相互作用,结成一种功能性的纽带,规定了人只能是一种功能性的存在。

当然,不是卡西尔赋予了文化的人学意蕴,而是在人身上就带有文化的印记。人类在创造着文化,同时文化也在创造着人自身,因而文化创造的过程也是人类自我创造的过程,是文化塑造人的过程。在某种意义上说,人就是文化,文化就是人。文化是与人类历史相伴生的。德国古典唯物主义哲学家费尔巴哈就曾经正确地指出:"当人刚刚脱离自然界的时候,他也只是一个纯粹的自然物,而不是人。人是人、文化、历史的产物。"②人创造了文化,同时创造了文化的人。我们丝毫不会怀疑人创造了文化,同样我们也有充分的考古学上的理由说明人是文化的产物。在人类的实践活动过程中,人既在改造着自然,实现着自然的人化;又在改造着自身,实现着自身的"文化"。在整个人类历史发展的长河中,没有文化的创造,是无法完成人类不断提升的壮举的。

卡西尔认为,人的高明之处在于能够制造和使用各种抽象的诸如语言、艺术、神话、宗教等等不同形式的符号。借助于这些符号,人设计了一个超越于现实世界的更为广阔的世界,即"符号的世界——人类文化世界"。这使人"不再生活在单纯的物理宇宙中,而是生活在一

---

① [德]恩斯特·卡西尔:《人论》,甘阳译,上海译文出版社 1985 年版,第 87 页。
② 《马克思恩格斯选集》(第 4 卷),人民出版社 1995 年版,第 237—238 页。

个符号宇宙中"。① 正因为如此,人作为一种文化的存在既能够立足于现实,又能够打破现实的束缚和限制,创造一个理想的世界。

然而,这里需要说明的是:对人的理解离不开文化,但对文化的理解也不能代替对人的理解,尤其是像卡西尔这样把文化理解为语言、艺术、神话、宗教等精神文化时就更是如此。把对人的理解溶化在狭义的文化模式中,势必会离开历史的丰富性,使历史变得简单化,使人变得单一化。尽管卡西尔强调了语言、艺术、神话、宗教等符号形式的功能的整体性,但却是在思辨的意义上理解的。文化始终只是表征人的存在的一种方式,对文化的说明不能代替对人的说明。文化塑造着人,但文化首先是由人所创造的。人类创造文化的历史,同时也是人类自身发展的历史。

综上所述,文化研究,从根本上说也是人学研究;文化创造,从根本上说也是人的创造。文化的人学意蕴表明:一方面我们对人的理解离不开文化,另一方面通过文化的塑造可以实现对人的塑造。在现代多元社会中,除了主流文化外,往往还有多种文化形态、文化因素的存在。在文化世界里,既有积极、向上的文化,也有消极、落后的文化;既有健康文化,也有病态文化;既有激进文化,也有保守文化。这就需要我们认真加以分辨取舍,做出恰当选择。在今天的社会生活中,由于社会结构、社会阶层的复杂化,人们所处的文化环境往往鱼龙混杂,良莠不齐,一个人难免会受到不良文化的影响,而个人的文化取向、文化审美则直接影响着人们的文化选择。因此,一个人的文化判断力以及文化审美感的形成与文化环境的营造同样重要。只有增强人们的文化判断力和文化审美感,才能继承人类的优秀文化遗产,不断创造先进文化,真正发挥文化对人的塑造作用,而不是腐化作用。

---

① ［德］恩斯特·卡西尔:《人论》,第68页。

第二章　文化与人格

拉尔夫·林顿(Ralph Linton，1893—1953)是美国文化人类学的重要分支文化人格学派的主要代表人物之一，对人格的文化学意义上的研究作出了重要贡献。在《人格的文化背景——文化、社会与个体关系之研究》一书中，他秉承了文化人类学的一贯传统，既在社会文化的宏阔背景中去阐释人格问题，又在人格中去发掘社会文化的特有内涵；既有经验的描述，又有理论的阐发。从而以令人信服的证据揭示了人格和文化之间的内在关联，为我们今天的人格研究提供了有益借鉴。

一、文化中的人格

人格始终是人的人格。即使社会人格在规范的意义上对个体人格产生影响和压力，但个体终究是人格的担当者和主体，因而个体始终是人格研究的基点或出发点。林顿在《人格的文化背景——文化、社会与个体关系之研究》一书开篇第一章中就对个体、人格和社会的关系做了说明。他认为人格是动态的、连续的，在一个特定的时间段，发现它的内容、组织和机能固然重要，而它的发展、生长与转变的过程是更重要的。这样我们就会发现个人、社会与文化之间的内在关联，并且通过这种内在关联说明人格的变化发展过程。不过他又认为虽然它们的运作是相互联系的,但是,在描述这三个实体时又必须有所区别。他以毋庸置疑的口吻指出:"诚然,任何特定的个人对于他所属的社会或者他参与其中的文化的运作和生存很少有什么重大意义,但是,个人,他的需求与潜能却是所有社会和文化现象的基础。社会是由个人组织成的群体,文化说到底不过是社会成员有组织的反复的反应而已。由此,于任何广大的整体的研究而言,个体都是合理的出发点。"①

然而,以往的人格研究主要采用的是实验方法,尽管这种方法是从个体出发并且取得了一定的成效,但它的局限性又是显而易见的。一方面因为研究现象的特殊性,在很大程度上,实验方法还没有触及资料的真正性质。因为"文化和社会内在的性质是不可能在严格的控制条件下制造出来用以组织或研究的"。② 另一方面人格、文化与社会是一个整体的形态,形态的结构与组织比任何个别的组成部分都更重要。但科学的倾向仍是日益朝向关于形态的精细分析,即针对部分的研究而不是整体性的研究。此外,大多数社会与文化的现象也缺乏精确的和可证明的衡量标准。这使得"大多数实验仅仅用于揭示人格内容的某些方面,而不是将人格作为一个整体的形态来显示"。③ 因此,要能够显示人格的整体形态就必须冀望对人格的整体性研究方法,这个方法就是对个体、文化和社会之间的互动性研究。

在林顿看来,对个体、文化和社会之间的互动性的系统研究是一项极其艰巨的任务,它必须有赖于心理学、人类学和社会学三门科学

①　[美]拉尔夫·林顿:《人格的文化背景——文化、社会与个体关系之研究》,陈学晶译,广西师范大学出版社 2007 年版,第 9 页。

②　[美]拉尔夫·林顿:《人格的文化背景——文化、社会与个体关系之研究》,第6 页。

③　[美]拉尔夫·林顿:《人格的文化背景——文化、社会与个体关系之研究》,第7 页。

学科的会合。而在此之前,心理学研究人,社会学研究社会,文化人类学研究文化,它们是相互分离的。林顿认为通过综合心理学、社会学和人类学的研究成果,可以期待一种新型的人类行为科学的出现。这一任务的提出本身就意味着人格研究有可能在这种系统研究过程中,通过不同学科间的融通达到一个新的水平,进入到一个新的层次。而林顿的研究表明这不仅可能,而且可以成为现实。这也同时意味着对个体人格的考察研究将被放置在社会文化的背景下去进行,从而对个体人格的本质做出合理的解释和说明。这样一来,对文化的解释就显得尤为重要,它直接关系到对人格本质的认识和把握。

林顿随后用整整一章的篇幅对文化概念进行了极为细致的分析界定。他给文化的定义是:"一种文化是习得行为与行为结果的综合结构,这种习得行为的组成要素被一个特定社会的成员所分有和传递。"①"综合结构"意味着行为与行为结果共同构成了一种文化并被组织到一个整体模式之中。"习得行为"则限定于那些经过学习过程而得以修正的,从而成为特定的文化综合结构中的经典范式。"行为之结果"包含两个非常不同类的现象——心理的和物质的。在这里,林顿对作为人格形成背景的文化的解释显然不是从狭义上去理解的,它包含了精神和物质两个方面。"分有与传递"进一步限定了文化综合结构的内容,"分有"是一种特定模式的行为,某种态度或者知识被两个或两个以上的社会成员认定为是普遍的,它并不包含合作活动或共同占有的意义。"传递"不同于生理遗传,它是指构成文化综合结构的因素通过教育和模仿等一代传给另一代。通过以上的分析,林顿总结文化的概念至少包含三种不同现象:物质的,也就是生产制品;运动的,也就是显在行为;心理的,也就是被一个社会的成员所分有的知

---

① [美]拉尔夫·林顿:《人格的文化背景——文化、社会与个体关系之研究》,第30页。

识、态度和价值。他还把前两者归在一起,称为文化的显在方面,属于第三类的也就是心理上的现象称为隐在方面。并且提醒我们注意显文化和隐文化的区别以及对人格的不同影响。他认为文化的显在方面是文化传递的主要渠道,而构成隐在文化的心理状态本身则是不能传递的。在对文化概念的叙述中,林顿还时刻注意着个体在文化中的处境和作用,他说:"从社会科学家的角度来说,每个社会都有一种文化,无论这种文化可能是多么简单,而每一个人都是'文化的',因为他都参与到这样那样的文化之中。"①可见,对文化的分析直接关系着对个体人格的分析,或者说对个体人格的分析不能脱离开对文化的分析。

为了能够区分作为行为综合结构的文化实体,以及在此实体基础上所发展的作为描述与操作文化资料之工具的结构,林顿还提出了"文化实体"和"文化构建体"两个重要概念。一个文化实体包括了一个社会所有成员习得和分有的真实行为的总和,而一种文化构建体则是为了提供文化实体可供理解的图景和操作文化资料而形成的工具性模式。这种模式近似于在文化实体模式内各种变化的众数(Mode)。所谓众数是文化实体行为的频率最高值,根据众数可以用符号来代表文化实体的模式。林顿举例说,研究者发现某个社会的成员养成了一种大多在晚上 8 点到 10 点之间上床睡觉的习惯,而其众数在 9 点 15 分左右,那么他就会说,在 9 点 15 分上床睡觉是这种文化的一种模式。林顿认为文化构建体虽然是研究者的工具,但却是不可或缺的工具。

在阐明了文化和个体的关联之后,林顿又接着论述了个体、社会与文化的关系。林顿认为个体处于社会之中,而社会又是文化的担当者与维系者,"因此,研究个体的行为,不仅要涉及他所处社会的整体

---

① [美]拉尔夫·林顿:《人格的文化背景——文化、社会与个体关系之研究》,第29页。

文化,还要关系他所处的社会加诸他的特定文化要求,毕竟他在其中占有一席之地"。① 个人总是在社会—文化环境中完成他的角色定位,不同社会形成的社会—文化环境和综合结构会对个人产生不同的影响,从而造成个人人格上的差异。

在上述基础上,林顿还对人格概念进行了厘清,提出了自己对人格的独特理解。他说:"为了现在讨论方便,我们把人格定义为'适合个体心理过程与状态的有组织的聚合体。'"②这一定义既不包括个体的外部行为,也不包括该行为对个体环境的影响以及个人的身体结构及其生理过程的人格概念,试图以此来划清人格作为内部心理过程与状态同外部因素的区别。但这一区别不能作为人格与外部环境无关的证据,相反倒是因为个体与外部环境的互动增加了对人格划界的难度。根据这一定义,他对人格的运作过程进行了总结。他说:"人格的运作可以简要说明如下:1. 能对不同环境有充足的行为反应。2. 把这些反应简化为惯性。3.(直接)产生那些已有的惯性反应。"③为了更好地说明这一运作过程,他还特意用"登录"(registry)和"情境"(situation)概念来代替"认知"或"感应"和"刺激"概念。并且在对情境的说明中,特别强调了人类绝大多数的刺激情境共同的一个要素"社会成分"(social component),它是个体复杂的行为反应模式整体得以代代相传的主要因素。此外,他还把反应分成两个主要方面,即发生中的反应(Emergent responses)和既成反应(Established responses),用以更好地说明文化与人格的关系,从而把个体人格完全置于社会文

① [美]拉尔夫·林顿:《人格的文化背景——文化、社会与个体关系之研究》,第48页。

② [美]拉尔夫·林顿:《人格的文化背景——文化、社会与个体关系之研究》,第68—69页。

③ [美]拉尔夫·林顿:《人格的文化背景——文化、社会与个体关系之研究》,第71页。

化的大背景之下,形成了一种独特的文化人格学视角。

林顿在做了以上的分析和铺垫之后,最后得出结论说:"当我们比较文化内容与人格内容时,会发现它们之间有明显的相互关系。无论在性质上,还是在关系上,二者都同为一个更高综合结构的一部分,个体完成发展与自动反应,几乎等同于现实的文化模式。"①既然人格与社会文化之间存在如此密切的关系,那么,脱离开社会文化来谈论人格就会成为无源之水,无本之木。

综上所述,虽然林顿还没有解决文化与人格互动的若干细节问题,并且他把人格仅仅限定在心理的层面上也值得商榷,但是,无疑的,林顿的研究将我们的视野引向了一个超出实验方法之外的又一个方法,即文化人格学的方法,而这一研究方法无论对于文化的研究还是对于人格的研究都是大有裨益的,它给我们指出了通向人格真理性认识的另一条道路。

二、人格中的文化

揭示人格中的文化内涵暗合了文化人类学研究在步入 20 世纪之后研究的转向。这一转向表明:在 20 世纪以前的文化人类学研究中只是在一般意义上指认了文化与人格之间的关联,寻找人格普遍性的文化解答。而在 20 世纪之后,由于文化人类学家大多转向了人种学的研究,从而将注意力更多地转向了特定社会的文化模式、个体行为、社会特征以及社会组织结构等的研究,对人格的文化研究也就自然而然地深化到了具体和个别的研究。这实际上也是文化人格学研究发展的必然路向。这一研究使得人们有可能在更特殊的意义上理解人格问题,通过对不同人种的人格的文化内蕴的揭示,从而更透彻地了

---

① 〔美〕拉尔夫·林顿:《人格的文化背景——文化、社会与个体关系之研究》,第96—97 页。

解不同文化背景下的人格。

首先,林顿发现了特定文化在人格形成中的基础地位。他认为在历史上,人们只是模糊地意识到文化的存在,没有能够对文化有一个清晰的认识。因为只有在不同社会风俗的相互比较中,才能凸现出文化间的差异和冲突,因而才能发现文化的存在。而我们一旦积累起对其他社会和文化的知识,就可以少带许多预设去研究人格,从而更触及人格的深层。他说:"我们必须非常熟悉其他群体的文化之后才能清楚地了解个人行为规范和文化规范,进而作为判断个人人格更深层次的指标。"①从这个意义上来说,我们对个体人格的认识也就是在更深层次上对文化的认识,文化认识是人格认识的前提。

其次,在人类学的意义上提出了有关人格的几个基本观点。他说:"所有深切了解非欧洲社会的人类学家都肯定以下几点:(1)不同社会的人格标准不同。(2)任何一个社会的成员,都会表现出相当大的人格差异。(3)所有的社会都找得到差异的相似范围和许多相同的人格类型。"②为此他提出了"基本人格型(Basis Personality Type)"和"身份人格(Status Personality)"的概念,用以说明在不同的社会文化中,在社会全体成员共同的价值观体系以及身份群体独有的价值观体系下形成的不同人格型态。

所谓"基本人格型"是指一个社会成员共同的人格因素一起形成的一个紧密结合的综合结构。"这些共同的人格因素一起形成的一个紧密结合的综合结构,我们称之为整个社会的'基本人格型'。"③林顿

---

① [美]拉尔夫·林顿:《人格的文化背景——文化、社会与个体关系之研究》,第115页。

② [美]拉尔夫·林顿:《人格的文化背景——文化、社会与个体关系之研究》,第101页。

③ [美]拉尔夫·林顿:《人格的文化背景——文化、社会与个体关系之研究》,第102页。

认为这个综合结构的存在,提供给社会成员共同的理解方式和价值观,并且使社会成员对相关的价值情境做出一致情感反应成为可能。对于一个特定的社会来说,"基本人格型"的确立显得至关重要。

在说明"基本人格型"的同时,林顿还注意到了与特定的群体相联系的人格型态,他称之为"身份人格"。他说:"我们还将会发现在每一个社会里还有另外的反应综合结构,这些是与社会里某些特定的群体相联系的。例如,几乎在所有情况下,男人、女人、少年人和成年人等有不同的反应综合结构的性质。在一个阶级社会,类似的差异可以从不同社会阶层中的个人身上察觉到,比如贵族、平民和奴隶。这些联系于身份的反应综合结构可以称作'身份人格'(Status Personality)。"①林顿认为身份人格对于社会的正常运转极其重要,因为只要身份得到提示,社会成员就有可能在此基础上进行成功的交流互动。即使两个完全陌生的人,只要确认对方的社会地位,就可能预测对方在大多数情况下的反应。

在同一社会中,基本人格与身份人格之间既存在着相互的关联,又存在着明显的差异。其中基本人格是基础,身份人格服从于基本人格,它们是构成个体人格的基本组成部分。他说:"任何社会认定的身份人格是添加于基本人格之上,并与之相融合的。不过,它们与基本人格的不同之处在于格外偏重特定的外在反应(overt responses)。这种偏重如此明显,以至于我们要问是否能说身份人格包含于基本人格不同的价值观体系。"②但尽管如此,不过林顿认为我们还是可以合理地分辨出认识某一特定的价值观体系和参与这一体系之间的差别。

---

① [美]拉尔夫·林顿:《人格的文化背景——文化、社会与个体关系之研究》,第102页。

② [美]拉尔夫·林顿:《人格的文化背景——文化、社会与个体关系之研究》,第102—103页。

一方面,身份人格很少包括其他身份群体所不知道的价值观体系,虽然在群体间极度敌对的情况下有此可能。另一方面,它完全可能包含其他群体不参与其间的价值观体系。这意味着不同的身份群体既可以分有着共同的价值观体系,又可以具有自身独有的价值观体系。对共同价值观体系的确认可以使我们确定不同社会基本人格的大体趋向,而独有的价值观体系则为我们认识不同的身份群体的身份人格提供便利。

最后,他认为文化是人格形成的支配因素。林顿指出:"文化必须被视为各社会建立人格类型及社会特有的各种身份人格系列的支配因素。"①林顿之所以强调这一点,是因为就个体人格形成来说,文化只是影响人格形成的一系列的因素之一,而不是唯一的因素,这就需要在影响人格的诸多因素中寻找出具有决定性的因素,而文化就是其中的具有决定性的支配因素,它在人格形成中具有举足轻重的地位。

林顿认为,影响人格形成的因素除了文化之外,还有个人生理决定的潜能和与他人的关系。文化的因素可以用来解释平均的、正常的个人人格,而个人的生理潜能和与他人的关系等非文化的因素可以用来解释特定人格综合结构和特异人格,但林顿同时也承认对这方面的发生机制我们还不清楚,或者知之甚少。相反,越来越多的证据却表明文化与人格的形成之间关系密切,并且显露出对人格形成的极强的解释力。

总之,在林顿看来,在个体、文化和社会的互动性的系统研究中,我们不仅可以发现社会文化在人格形成中的关键地位,而且在对人格的考察中能够发现文化习惯的积淀和文化模式的作用,尽管这一研究的许多细节性的问题尚未解决,但其研究的意义和价值已在大量的实证材料中表露无遗,这也同时预示着这一研究的前景十分广阔。

---

① [美]拉尔夫·林顿:《人格的文化背景——文化、社会与个体关系之研究》,第117页。

第三章 "基本人格型"理论

美国现代文化人格学派的主要代表拉尔夫·林顿从文化人格学的研究视角提出了"基本人格型"理论,用以说明不同社会文化背景下人格的差异以及在同一社会文化中受共同价值观体系支配的人格型态。与此同时,林顿还提出了"身份人格"的概念,以此作为"基本人格型"的对应概念,说明在同一社会中不同身份群体具有的人格型态。这无论对于我们更具体地把握一个社会的人格型态,还是进行人格的培养都具有积极的借鉴意义。

一、理论背景

拉尔夫·林顿(Ralph Linton,1893—1953)在基于对个体、文化和社会关系深刻认识的基础上,倡导对个体、文化和社会之间的互动性的系统研究。作为这一研究的具体运用,林顿提出了"基本人格型"理论,用以说明不同社会文化背景下人格的差异以及在同一社会文化中受共同价值观体系支配的人格型态。通过对这一理论的解读,我们可以更好地把握文化人格学家对人格的理解模式,并从中获得有益的理论启示。

林顿的"基本人格型"理论的背景是其独特的文化人格学的研究视角,而这一理论研究视角的确立是基于他对个体、文化和社会之间互动性关系的深刻理解和认识。在林顿看来,个体始终是人格的担当者,因而个体是人格研究的合理出发点。他认为个人的需求与潜能是所有社会和文化现象的基础,而社会是由个人组织成的群体,文化说到底不过是社会成员有组织的反复的反应而已。这样一来,尽管也是从个体研究出发,但鉴于传统的实验方法没有在个体与环境之间建立有效的联系,对个体进行孤立的考察,结果它的有限性在对个体人格的临界分析中也就暴露无遗。因此,在个体、文化和社会之间的互动性关系中对人格进行系统研究就成为必要。这就意味着对人格的研究不再是在微观意义上的独立的个体心理分析,而是在宏观意义上的对人格与外在社会文化环境之间关系的系统考察。

然而,这一研究的难度又是显而易见的。这是因为对个体、文化和社会的系统研究必须有赖于心理学、人类学和社会学三门科学学科的会合。而此前的心理学研究人、社会学研究社会、文化人类学研究文化,它们彼此处于相互分离状态。林顿希望通过对心理学、社会学和人类学的研究成果的综合以及它们的交叉研究,形成一种新型的"人类行为科学",从而展示人格在社会文化背景下的延续性和变动性,在动态中历史地具体地把握人格问题。

要充分理解林顿的这一思想,还必须了解文化人类学研究在其发展过程中所发生的转向。文化人类学的最为重要的贡献在于揭示了文化与人类之间的内在关系,然而,就人格研究而言,在 20 世纪以前的文化人类学研究中主要是在一般意义上指认文化与人格之间的关联,而对文化作用于人格的内在机制未能予以深究。而在 20 世纪之后,由于文化人类学家大多转向了人种学的研究,从而将注意力更多地转向了特定社会的文化模式、个体行为、社会特征以及社会组织结构等的研究,这就有可能去更深入地探讨不同社会文化背景下不同人格的状况以及外在反应。

正是基于这样的考虑,林顿认为对特定社会文化的考察就显得尤为重要。因为只有弄清不同社会文化的差异,才能发现因这种差异而造成的个体人格的差异。这种文化相对主义的观点,要求我们在了解个体人格时必须回到他所生活的文化语境之中。正如他所说:"我们必须非常熟悉其他群体的文化之后才能清楚地了解个人行为规范和文化规范,进而作为判断个人人格更深层次的指标。"①而他提出的"基本人格型"理论就是为了说明因不同社会文化而形成的某一特定社会形态中共同价值观体系下的人格型态。这意味着有多少种不同的社会文化,就会有多少种不同的"基本人格型"。当然,这并不排斥在相似的社会文化背景下会形成相似的"基本人格型"。

二、基本内容

基于对不同社会文化的深刻认识和理解,林顿在人类学的意义上提出了有关人格的几个基本观点。他说:"所有深切了解非欧洲社会的人类学家都肯定以下几点:(1)不同社会的人格标准不同。(2)任何一个社会的成员,都会表现出相当大的人格差异。(3)所有的社会都找得到差异的相似范围和许多相同的人格类型。"②这一切都表明不同社会的成员之间具有极大的人格差异,并且具有不同的人格标准。而在同一社会中,不管社会成员的人格具有何种差异仍然具有相同的人格类型。林顿认为,只要有过其他社会经验的人就不会怀疑不同的社会有不同的人格标准。但问题是一个社会只具有单一的人格标准,还是有一系列不同的人格标准,而其中每一个都同特定身份的社会群

---

① 〔美〕拉尔夫·林顿:《人格的文化背景——文化、社会与个体关系之研究》,陈学晶译,广西师范大学出版社 2007 年版,第 115 页。

② 〔美〕拉尔夫·林顿:《人格的文化背景——文化、社会与个体关系之研究》,第101 页。

体联系在一起。正是为了清楚地说明这一问题,他提出了"基本人格型(Basis Personality Type)"理论,用以说明在同一社会文化背景下个体人格的具体表现。这一理论的具体内容包括"基本人格型(Basis Personality Type)"和"身份人格(Status Personality)"两个核心概念,以及这两者之间的相互关系。

所谓"基本人格型"是指一个社会成员共同的人格因素一起形成的一个紧密结合的综合结构。林顿认为由社会成员共享的价值体系,可以通过与各种不同社会地位相关联的行为举止表现出来。因此,同一社会里的男人与女人,可能对女性谦顺和男性勇敢拥有共同的看法,虽然与这些看法相联系的行为在两性那里表现出必然的差异。对女性来说,普通的谦顺态度可以通过特定的着装或行为表现出来,而男性则更多地通过对特定着装和行为赞同与否的一般反应表现出来。"这些共同的人格因素一起形成的一个紧密结合的综合结构,我们称之为整个社会的'基本人格型'"。[①] 林顿认为这个综合结构的存在,提供给社会成员共同的理解方式和价值观,并且使社会成员对相关的价值情境作出一致情感反应成为可能。

在文化人格学家看来,之所以会形成社会的综合结构,是由于受文化因素的影响和制约。美国著名文化人格学家巴尔诺曾经指出:"一文化是一群人共有的生活方式,是全部多多少少定型化了的习得性行为模式组成的构型,这些习得性的行为模式凭借语言和模仿代代相传。"[②]他认为一个社会的文化为人们提供了应付这个世界的手段,提供了人们对于这个世界的主要看法,但它也可能对个人产生威胁性

---

① [美]拉尔夫·林顿:《人格的文化背景——文化、社会与个体关系之研究》,第102页。

② [美]V.巴尔诺:《人格:文化的积淀》,周晓红等译,辽宁人民出版社1989年版,第6页。

的影响,例如有关鬼魂、恶神、巫术的信仰,都可能使人产生世界是危险的、邪恶的看法。巴尔诺认为,作为人种学和心理学之间的桥梁,文化与人格这一研究领域所关注的主题是某一社会的文化是如何对在该文化中成长的个人予以影响的。

尽管个体人格在不同程度上表现出差异性,但是众多的研究结果表明人格具有一致性倾向,这种一致性恰恰印证了文化人格学家对人格文化特性的揭示。正是由于文化的一致性,才造就了个体人格中所具有的一致性倾向。除了林顿提出的"基本人格型"之外,卡丁纳的"基本人格的结构"、杜波依丝的"众数人格"、弗罗姆的"社会性格"、本尼迪克特的"酒神型"和"日神型"人格等都有这样一个基本指向,即人们在相同的社会文化背景下有着基本相似的人格特征及行为模式。文化人格学家们都注意到了社会的文化因素对个人人格形成和发展的影响,事实上也就是承认了人格是社会文化对人的塑造。

在说明"基本人格型"的同时,林顿还注意到了与特定的群体相联系的人格型态,他称之为"身份人格"。他说:"我们还将会发现在每一个社会里还有另外的反应综合结构,这些是与社会里某些特定的群体相联系的。例如,几乎在所有情况下,男人、女人、少年人和成年人等有不同的反应综合结构的性质。在一个阶级社会,类似的差异可以从不同社会阶层中的个人身上察觉到,比如贵族、平民和奴隶。这些联系于身份的反应综合结构可以称作'身份人格'(Status Personality)。"①林顿这里所讲的个人"身份"既包括性别、年龄的差异,又包括阶级的差异。正是这种不同的身份差异造成了即使在同一社会中,在个体身上除了具有相同的"基本人格型"之外,还具有不同的"身份人格"。林顿认为"身份人格"对于社会的正常运转极其重要,因为只要身份得到提示,

---

① [美]拉尔夫·林顿:《人格的文化背景——文化、社会与个体关系之研究》,第102页。

社会成员就有可能在此基础上进行成功的交流互动。即使两个完全陌生的人，只要确认对方的社会地位，就可能预测对方在大多数情况下的反应。

在同一社会中，"基本人格"与"身份人格"之间既存在着相互的关联，又存在着明显的差异。林顿认为："任何社会认定的身份人格是添加于基本人格之上，并与之相融合的。不过，它们与基本人格（在林顿的著作中'基本人格型'概念与'基本人格'概念是互用的——引者）的不同之处在于格外偏重特定的外在反应（overt responses）。这种偏重如此明显，以至于我们要问是否能说身份人格包含于基本人格不同的价值观体系。"①但尽管如此，林顿认为我们还是可以合理地分辨出认识某一特定的价值观体系和参与这一体系之间的差别。一方面，身份人格很少包括其他身份群体所不知道的价值观体系，虽然在群体间极度敌对的情况下有此可能。另一方面，它完全可能包含其他群体不参与其间的价值观体系。这意味着不同的身份群体既可以分有着共同的价值观体系，又可以具有自身独有的价值观体系。对共同价值观体系的确认可以使我们确定不同社会基本人格的大体趋向，而独有的价值观体系则为我们认识不同的身份群体的身份人格提供便利。具有不同身份人格的身份群体在该群体特有的价值观体系的指导下形成了特定的反应模式，例如一位商人如果表现得过于仁义反而会引起人们对其动机的猜疑，之所以如此就是人们基于对商人群体的身份人格的定位和判断。

不同社会不仅在基本人格上有所差异，而且在身份人格上也有所不同。单单指出这一点还不是问题的关键，问题的关键是我们如何才能对此做出合理的解释。林顿说："每个社会都有与其他社会不同的

---

① ［美］拉尔夫·林顿：《人格的文化背景——文化、社会与个体关系之研究》，第102—103页。

基本人格类型和身份人格系列,几乎所有社会都默认这一事实并大多对此有所解释。我们的社会一直到最近,始终用生物学的因素作为解释的基础,基本人格的差异,一向被认为是种族和人格之间的某种联系造成的。身份人格的不同则牵涉性别因素,如男女地位的不同或者遗传。"①

与生理学的解释不同,林顿认为人格是由个人经验发展所造成的反应综合结构,这种经验又是基于他与环境的互动而获得的,同时个人的内在特质,也强烈地影响他与环境互动获得的经验。内在特质虽然对人格发展具有影响力,但其中的大部分要受环境因素的制约。基于此,林顿主张我们所知道的人格形成过程说明,必须用自然加上教养的新模式来取代自然与教养相对的模式。先天的生物决定因素无法说明人格的完整综合结构及其中的各种反应模式,它只是人格形成的诸多因素之一。而人格综合结构除了反应模式之外,还有某些综合组织的特质即个人气质以及各种心理活动的能力。但同反应模式一样,个人气质与心理活动能力更大可能是先天因素和环境影响互动的结果,而不只是由先天因素完全决定的。而且也没有任何证据表明它们可以通过遗传传给下一代。这样一来,如果我们承认人格综合结构不可能由先天因素决定,也不可能通过遗传获得,那么,唯一可能的合理解释是它是在后天环境中逐渐培养起来的,而不同社会的人格差异则可以追溯到各种不同的社会抚养其成员的特定环境上。林顿认为与人格形成有关的最重要的环境因素是人和物,而任何社会成员的行为以及使用物的方式,都有一个定式并且可以用文化模式加以说明。文化对人格发展的影响有两种不同的种类。其一,是由文化模式的行为引导出的其他个人对儿童的影响,其二,是个体通过观察社会行为

---

① [美]拉尔夫·林顿:《人格的文化背景——文化、社会与个体关系之研究》,第103页。

模式或在这方面所受的教育的影响。林顿认为这些模式许多并不直接影响个人，而是提供给个人对各种情境的习惯性反应的范本，但却会影响人的一生。种种事实证明，各种不同社会正常成员的不同人格综合结构受抚育的影响多于基因的因素。在此基础上，林顿还认为一个生存在稳定文化社会中的人，随着年龄的增长其人格将更加牢固地融为一个整体，他年轻时对其文化隐含的疑惑将随着遵从文化所规定的外在行为而消失。当一个人在认同了一个社会的价值体系之后，要加以改变是一件困难的事。凡是研究同化现象或文化移植现象的人都能了解刚开始在一个文化中生活而企图适应这一文化的边缘人（marginal man）会遭遇怎样的痛苦。即使同化了的个人可以用新社会的文化方式去学习、行动甚至去思考，但却无法用此去感觉，在要作出决定时，他发现自己没有固定的参照点。从这里我们可以看到一个社会原有文化对个人的影响有多大。"总之，不同社会有不同人格规范的事实，可以用社会成员从文化中获取的不同经验为基础来解释"。[①] 至于生理的或遗传的因素至多只能影响反应的潜能，而不能够解释不同社会基本人格类型的内容与组织。

林顿认为，由于各种社会环境因素的影响，不同社会具有不同的人格规范，至于同一社会中的成员具有很明显的个人的人格差异，则是因为：即使是最严密整合的社会文化，也无法给成长于其中的个人提供一致的环境。因为一方面各个家庭都有不同的生活设施，因此成长于其中的孩子有不同的物质环境；另一方面人比事对人格的影响要大得多，和家里人的亲密接触，不管父母或是兄弟，对一般性价值体系的建立都有很大的影响。因此，对个体人格的分析不能采取单一的解释模式，而是应当在确认一个社会的基本人格的前提下，承认不同身

---

① ［美］拉尔夫·林顿：《人格的文化背景——文化、社会与个体关系之研究》，第113页。

份人格的存在,从而既对社会的共同价值体系予以认可,又能够保持自我的相对独立性。

通过以上的分析,林顿得出如下结论:"文化必须被视为各社会建立人格类型及社会特有的各种身份人格系列的支配因素。"[①]在他看来,就个人人格形成来说,文化起了决定性的作用。不过林顿也承认文化只是影响人格形成的一系列因素之一,而不是唯一的因素,除了文化的因素之外,还有个人生理决定的潜能和与他人的关系等。文化的因素可以用来解释平均的、正常的个人人格,而非文化的因素可以用来解释特定人格综合结构和特异人格。尽管我们对这方面的发生机制还不十分清楚,甚至知之甚少,但它们的存在却是确定无疑的。

总之,在林顿看来,在个体、文化和社会的互动性的系统研究中,我们不仅可以发现社会文化在人格形成中的关键地位,而且在对人格的考察中也能够发现文化习惯的积淀和文化模式的作用,尽管这一研究的许多细节尚不清楚,但其研究的意义和价值已露端倪,研究前景十分广阔。

三、理论启示

林顿的"基本人格型"理论是建立在严谨的科学研究和实证调查基础上的,这对于我们今天对人格的认识和理解具有重要的理论启示和实践价值。具体来说:

一方面,在人格的认知上。首先,要注意社会文化对人格形成的影响。林顿认为尽管个体人格的形成还受到生理的或遗传的等因素的影响,但是,就个体人格的主要方面而言,受社会文化的影响仍然是

---

① [美]拉尔夫·林顿:《人格的文化背景——文化、社会与个体关系之研究》,第117页。

决定性的。这既可以从个体身上所打上的文化的烙印得到经验的说明，又可以在不同文化的比较中得到理论的支撑。不同的社会文化对个体人格的形成具有举足轻重的作用。这就要求我们在对个体人格的把握中，要以社会文化为切入口，注重人格的形成和发展过程，避免把对人格的研究局限在心理学的研究范围。不过，值得注意的是：强调社会文化的作用是就与人的生理或遗传等因素的比较而言的，如果对社会文化的理解过于狭隘，则会影响到我们对人格的全面理解。这里所讲的文化是大文化的范畴，既包括精神文化又包括物质文化，而不是仅仅局限于精神文化。其次，在同一社会文化条件下，人格也具有差异性。不仅在不同的社会文化背景下会形成不同的人格差异，而且即使在同一社会文化条件下也要注意个体人格的差异。这是因为在同一的社会文化条件下，虽然个人成长的社会文化大环境相同，但是小环境不尽相同，这样在个体人格中就既积淀着普遍的社会文化，又积淀着身份群体的特殊文化。因此从人格的差异性上，可以反映出社会文化不同性质和不同层次的差异性。但与此同时，我们又不能将人格的差异性完全归因于社会文化的差异性，在承认社会文化对人格形成和发展具有决定作用的前提下，还应注意生理和遗传等因素的影响。个体人格是一个复杂的有机体，对它的理解不应采取简单化的做法。

另一方面，在人格的培养上。首先，要注意个体、文化和社会之间的内在关联，把人格培养放在社会文化的大背景中去进行。个体人格的培养不只是个人的事情，也不只是个人自我的品格修养问题，而是与社会文化的状况有着直接的关联。在个体人格的培养方面，社会担负着不可推卸的重要责任。因此，有必要自觉地形成个体与社会文化之间的积极互动。既要创造出良好的社会文化氛围，充分利用传统地方文化资源，积极促进个体人格的培养和培育；同时个体人格的状况也会对社会文化产生影响,有利于文化事业的发展。尤其是在今天社会主义市场经济条件下,我们更应该注意营造良好的社会文化氛围,为个体人格的健康发展提供保证。其次,要注重共同价值体系的建立,这对于"基本人格型"的形成具有决定性的意义。对于一定的社会文化而言,其最重要的就是对共同的价值体系的确认和认同。一般来说,一个社会总有一定的共同价值体系。但是,这并不排除在社会的转型或动荡时期,共同价值体系显得模糊或不够清晰。如果一个社会不能形成自己明确的核心价值体系,则社会成员的基本人格就会难以确立,从而使个体处于相对孤立状态,这对于社会的稳定和发展是极为不利的。我国目前正努力在全社会确立社会主义核心价值体系,这对于个体人格的培养是至关重要的。对一个社会整体而言,形成何种"基本人格型"是极为重要的。因为一个社会确立了何种"基本人格型",不是由个人决定的,而是取决于社会形成了何种价值体系。社会担负着规范和引导的职责,只要一个社会希图在社会成员人格培养方面有所作为,就必须形成自己明确的核心价值体系,从而为"基本人格型"的形成奠定基础。最后,要考虑到不同身份群体的角色定位。如果说基本人格是一定的社会文化背景下社会人格的表现的话,那么身份人格则是个人人格的表现,它们在单个个体身上得到统一。在基本人格中主要反映的是一个社会中社会文化的共性,而在身份人格中反映的则是群体文化的特殊性以及性别、社会地位和遗传等方面的差异。所以,一方面我们要维护共同的社会价值体系,形成基本人格,另一方面也要对不同的个人身份人格予以尊重。如果不顾个体人格存在的实际差异性,片面地强求一律,则会造成个体对社会性的反叛,形成身份人格与社会基本人格的对立。

总之,无论对于社会还是个体来说,人格的形成和确立都至关重要。一个社会能否使个体培养起积极健康的人格，既取决于人们对人格的正确认知，又取决于社会价值体系的合理引导。只有我们对人格的形成和发展有足够的认识和把握，我们才能找到人格培育的合理路径。

第四章　人格主义的社会主义

以存在主义哲学为基础,将存在主义与社会主义相结合,构成了别尔嘉耶夫独特的"人格主义的社会主义"理论。别尔嘉耶夫既把社会主义看成是一项正义的事业和要求,又对集权主义深恶痛绝。他对社会主义的接近与分离表明:一方面我们要追求自由,自由始终是个体独立解放的目标;另一方面要尊重个体,引领个体走向精神的超拔,培养坚定的信念。

一、理论的提出

尼古拉·亚历山大罗维奇·别尔嘉耶夫(Nicola Aleksandrovich Berdyaev, 1874—1948)是 20 世纪最有影响的俄罗斯思想家,俄国存在主义哲学的现代先驱。但与此同时,他的思想尤其是早期思想又受马克思的影响较深,他自称自己的哲学中有马克思主义哲学的酵母,他的理论是"人格主义的社会主义"。他试图通过对个体人格的强调将存在主义与社会主义结合起来,将宗教式的精神超越与人的自由解放结合起来,主张拒斥社会,摆脱人的世俗羁绊,实现人的价值、尊严。凡此种种都要求我们厘清他与社会主义的关联,从而更准确地把握其理论的精神实质和内涵。

在别尔嘉耶夫的思想中,社会主义一直是一条忽隐忽现的主线,并且贯穿他的思想的始终。早在大学期间,别尔嘉耶夫便开始关注社会现实,接触马克思主义。他说:"在大学年代里,我十分关注社会现实。马克思影响着我,使我审视一系列社会问题时变得非常实际、具体。"①然而,尽管受到马克思的影响,别尔嘉耶夫并没有由此成为马克思主义者。他自称不是任何"正统派"的追随者,而且始终反叛一切"正统派"。所以,他从来不是正统的马克思主义者。严格来说,甚至也不是真正的马克思主义者。他的思想自始至终保持着自身的独立和创造性,这也形成了他的理论的独特魅力。

阻碍别尔嘉耶夫成为马克思主义者的原因:一是其思想的宗教唯心论基础。由于不满于在他看来俄国马克思主义者精神文化的低劣状态,他试图把宗教唯心论哲学同马克思主义结合起来,把社会主义立足于宗教的基点,通过个体与上帝的交会,净化人的心灵,从而实现个体精神的提升和超越,达到个体人格的独立和自由,这显然与当时俄国正统的马克思主义者的观点格格不入,并且也不能为其所容;二是对集权主义的反感。别尔嘉耶夫坚信真理和善的理想价值的生存,不依附于阶级斗争和社会环境,也不依附于为阶级的革命斗争服务的哲学和伦理学,主张"真理不为任何个人和任何事物服务"。②而实际状况则是在当时的社会主义俄国却常常集体凌驾于个体,集权凌驾于真理之上。所以,这也就可以理解为什么别尔嘉耶夫会拒斥成为马克思主义者。然而,尽管如此,却并不妨碍别尔嘉耶夫对马克思主义的敬仰。即使后来形成了属于他自己的独特的人格主义哲学思想,他也始终把马克思主义当作是一项正义的社会要求来看。

别尔嘉耶夫的思想素以庞杂、丰富著称。在他的早期思想历程

---

① 〔俄〕尼古拉·别尔嘉耶夫:《人的奴役与自由》,徐黎明译,贵州人民出版社2007年第2版,第5页。

② 〔俄〕尼古拉·别尔嘉耶夫:《人的奴役与自由》,第7页。

中,他曾经受到多个不同思想家的影响,其中既有康德、黑格尔等理性主义思想家,叔本华、尼采等非理性主义思想家的影响,也有神秘主义者雅各·波墨以及社会主义者马克思的影响。这使得他既追寻意志的自由,又关注世俗的奴役;既寻求精神的真谛,又关注现实的残酷,结果常常陷入精神的挣扎之中。他认为他的思想中的矛盾和自己生存的矛盾一直困扰着他,无法用逻辑的统一性掩盖得住。他的思想中真正的统一,就是关联于个体人格的统一。换句话说,他把个体人格看成是他的理论的核心,他的全部理论都是由个体人格串连在一起,并彰显出他的理论特色。"在关涉社会生活时,在我思想的基本矛盾中总交织着两项因素:既贵族式地理解个体人格、自由、创造,又相信社会主义的需求能确认每个人的价值、尊严,能确认最下层人的生活的基本权利。我既热爱、迷恋另一个冰清玉洁的高伟世界,也怜悯、痛惜这一个卑俗受难的世界——这两个世界常在我的内心里冲突着"。①正因为如此,他认为:"人不仅应向上超升,出俗不染,也应向下观照,同情怜悯尘寰中的一切。在精神的与理性的道路上,我走了一程又一程,个体人格是我最终所领悟到的真理。"②这种对人的价值、尊严的关注以及对最下层人的生活的基本权利的确认,是别尔嘉耶夫接近社会主义的深层思想动因。就总体而言,他的理论是对人的苦难和不幸的回应,是对社会公平公正的寻求。他以个体人格为基点创立的人格主义哲学,就是建立在对现实的观照基础上,建立在人的奴役性的存在基础上。他所讲的个体人格不是一个抽象的概念,而是与人的现实生活紧密相连。它是人之为人的根本,是人的生存价值的核心。借助个体人格这一极具个性色彩的概念,别尔嘉耶夫试图将人的精神追求与人的现实存在结合起来,表达了他对个体命运的关注以及人的自由解放的强烈愿望。

---

①　[俄]尼古拉·别尔嘉耶夫:《人的奴役与自由》,第2页。
②　[俄]尼古拉·别尔嘉耶夫:《人的奴役与自由》,第3页。

　　然而,尽管受到社会主义的影响,但就其思想实质而言,个体人格理念体现的不是社会主义,而是注重个体的存在主义哲学。这是因为存在主义哲学的突出特点在于以人为出发点,尊重人的个性和自由,主张人生活在一个无意义的世界上,包括人的存在也没有意义,但是,人可以通过自我塑造赋予存在的意义。不过,与一般的存在主义哲学家不同,别尔嘉耶夫并不满足于抽象地谈论人的自由解放问题,而是把它与人的现实处境和命运结合起来,试图借助对个体人格的强调来拒斥现实世界对人的奴役,回归人的自由。在这一点上,他同样表达出对苏共集权式的统治以及对个体压抑的强烈不满。在他看来,现实世界是一个客体化的、外化的、异化的世界,是一个个体遭受重重奴役的世界。只要回归人的生活世界,奴役就无处不在。在人所生活的、客体化的世界中,人类和社会凌驾于个体之上,普遍——共相的事物凌驾于个别事物之上,因此个体总是受着各种奴役。在其代表作《人的奴役与自由》一书中,别尔嘉耶夫罗列了个人所遭受的多重奴役,具体包括:存在的奴役、上帝的奴役、自然的奴役、社会的奴役、文明的奴役、自我的奴役以及王国的诱惑与奴役、战争的诱惑与奴役、民族主义的诱惑与奴役、贵族主义的诱惑与奴役、资产阶级性、财产、金钱的诱惑与奴役、革命的诱惑与奴役、集体主义的诱惑与奴役、爱欲的诱惑与奴役和美感的诱惑与奴役。奴役从四面八方进逼着人,人们要想获得自由必须抗争,不抗争即无自由。而"遏止人的这一悲剧,抗争人的被奴役,唯有通过个体人格实现自身的生存和自身的命运。这种实现,置于有限与无限、相对与绝对、多与一、必然与自由、外在与内在的既结合又对立之中"。① 社会只有尊重个体人格,而不是仅仅以社会的原则为原则,个体才能摆脱外在的奴役生存,避免客体化的命运,实现

_____

① ［俄］尼古拉·别尔嘉耶夫:《人的奴役与自由》,第33页。

内在的自由生存。"所以,个体人格的原则也应成为社会组织的原则。这样,人置身于社会组织中,人的内在生存才会幸免于社会化"。①

正是基于上述原因,别尔嘉耶夫把他的存在主义与社会主义理论的结合称之为"人格主义的社会主义"。他说:"由于沉思和信仰,社会主义伴随我生命的全部里程。我把这项真理称为人格主义的社会主义。"②人格主义表现了他对个体人的关注,而社会主义则表达了他对摆脱奴役、实现人的自由解放的渴望。不过,在他那里,对前者的关注更甚于对后者的关注,他的这种社会主义与传统的社会主义——他称之为"形而上学的社会主义"也有着明显的差异。他自己也承认:"这种社会主义,迥异于占优势的形而上学的社会主义。其区别即在于:前者的基础是个体人格高于社会,后者的基础是社会高于个体人格。"③说到底,其差异即在于是尊重人还是贬低人,是个人至上还是社会至上。

此外,别尔嘉耶夫不仅在他的思想中体现出社会主义情结,而且对社会主义也坚持了辩护立场。具体表现在:第一,针对社会主义的反对者声称社会主义是乌托邦、违反人性的言论,他认为确实存在过社会主义的乌托邦,而社会主义也确实具有乌托邦的因素。这与民主主义的、自由主义的、君主主义的和神权主义的神话一样,是社会主义的神话。"但是,社会主义不是乌托邦,而是铁的真实。"④社会主义揭示的是人的真实的处境和命运,因而它具有现实的基础和实际的价值;第二,针对有人判定社会主义不能实现的原因是:作为社会主义存在前提的道德水准与人们的现实状态相去甚远,别尔嘉耶夫认为社

---

① ［俄］尼古拉·别尔嘉耶夫:《人的奴役与自由》,第33页。
② ［俄］尼古拉·别尔嘉耶夫:《人的奴役与自由》,第8页。
③ ［俄］尼古拉·别尔嘉耶夫:《人的奴役与自由》,第8页。
④ ［俄］尼古拉·别尔嘉耶夫:《人的奴役与自由》,第152页。

会主义之所以能够实现,即在于这二者"相去甚远"。社会主义不坐等强者道德日臻完善,以改变强者的习性。社会主义重在行动,即以行动扶助弱者和改革社会。他认为社会主义问题具有世界意义,是涉及多方面的复杂的问题。至少我们可以审视它的形而上的精神的方面,以及它的社会的经济的方面。社会主义更符合真理,是基本的正义;第三,针对有人指责社会主义劳工运动囿于唯物主义,劳工易于塑成唯物主义者,别尔嘉耶夫指出这些人忘记了劳工的基本生活条件和劳工对物质的强烈需求。劳工问题向我们表明:人类社会向前发展,必须满足人的生存的基本物质需要。自由和面包始终是社会生活的两大基本难题,人不能失去面包,但也不能沦为面包的奴隶,为面包而出卖自己的自由。总之,社会主义关注现实人的处境和命运,是有关人的自由解放的运动,这一点决定了它的正义性和人道性。

纵观别尔嘉耶夫的思想历程,他与社会主义的接近绝非偶然。由于同样关注社会现实以及现实社会中人的命运和处境,别尔嘉耶夫自然走向了社会主义。在他看来,社会主义是一种立足于人的现实生存处境的有关人的自由解放的理论,而他最终想要实现的理想正是通过个体人格的建构来使人摆脱奴役实现自由,这就与社会主义的目标不谋而合。社会主义始终是他的理论中挥之不去的影子。

二、理论的反思

别尔嘉耶夫之所以将存在主义与社会主义结合起来,形成"人格主义的社会主义",源于多方面的原因。归纳起来主要有:

第一,与马克思主义哲学相近的理论旨趣。别尔嘉耶夫既是一位思想家,也是一位革命家。他曾明确声称:"就我的哲学生存来说,它不仅企盼认识世界,也企盼变革世界。"①他也同时表明自己从来就不是一位学院式的哲学家,从来就不想使哲学远遁生活而成为抽象的东西。马克思也宣称:"以往的哲学家们只是用不同的方式解释世界,而问题在于改变世界。"②从这个意义上来说,别尔嘉耶夫的哲学与以变革世界为己任的马克思主义哲学具有异曲同工之妙,其理论指向均为实践。只不过别尔嘉耶夫试图直接改造个人,而马克思则要通过社会的改造来实现人的改造。

别尔嘉耶夫声称厌恶资产阶级性,不喜欢国家,具有无政府的倾向。所以,他的起点不是对世界的爱,而是以精神的自由抗拒世界。在他看来,人生活于世俗世界,必然遭遇精神的客体化和"我"的客体化,这是人的生存的外化、异化,因而人在世界中必然遭受奴役,失却自由。所以,他说:"在对整个世界的哲学沉思中,我最重要的基石和最核心的思想是:客体化与生存、自由的相互对立。"③基于对资本主义的基本分析与判断,别尔嘉耶夫把人的客体化与主体化,人的生存的外化、异化与内化、自由化区别开来,并以此作为他的哲学理念的核心。同其他存在主义思想家一样,别尔嘉耶夫也是从人的存在出发去建构他的哲学体系。但是,相对于其他的存在主义思想家而言,别尔嘉耶夫更关注人的现实存在与外在世界的对立,人的精神自由与奴役的冲突。由于他把人的生存、自由与整个外在的世界对立起来,他的哲学理念中就必然蕴含着精神对世界的拒斥过程,蕴含着对客体化世界的改造以及精神的超越和提升。因为不如此,人的生存便无法冲破客体化的藩篱而达到精神的自由。从这个意义上来说,对于同样具有改变世界和人的精神提升要求的社会主义,别尔嘉耶夫具有好感也就

①　[俄]尼古拉·别尔嘉耶夫:《人的奴役与自由》,第1页。
②　《马克思恩格斯选集》(第1卷),人民出版社1995年版,第61页。
③　[俄]尼古拉·别尔嘉耶夫:《人的奴役与自由》,第4页。

毫不足怪了。

第二，对社会现实的关注。别尔嘉耶夫一生经历了三次大战，分别是两次世界大战，以及 1905 年与 1917 年的俄罗斯革命。在 20 世纪，他还经历了俄罗斯的精神文化的复兴阶段，经历了俄罗斯共产政治的统治，体认了整个欧洲文化的危机，目睹了中欧的动荡不安、法国的沦陷、德国军队的掠城等等。因此，"哲学家面临历史剧变，即精神进行重大转向的时期，不可能再羁绊于书斋、书本，不可能再是一个与世隔绝的人，不可能不感悟到精神的挣扎"。① 他的哲学从来都是指向人的具体生活，关注人的实际处境和命运，而不是抽象的概念组合。不仅如此，他还试图从人的社会处境来解释人们受奴役的原因，鼓动人们拒斥社会化，实现精神的超越。他承认"具体的人是社会的人，不能把人从他的社会性中抽象出来"。② 既然如此，对人的关注就必然引向对社会的关注，只有了解社会才能了解人。但是，承认人的社会性不等于无条件地接受社会。如果无条件地顺应、服从社会，人就会沦为社会的奴隶，摆脱不了受奴役的命运。在他那里人与社会从来都是不调和的、对立的，一旦人失去对社会的反叛，人就只能沦为社会的奴隶。因此，他强调："人的纯粹的社会性即人的社会性的完全抽象，这会把人铸成抽象的生存。剖析人时，视人为纯粹的社会生存，也就把人放在了奴役的位置上。"③

第三，对自由的寻求。真正的社会主义本身就是一项追求自由的事业，并且始终以追求自由为己任。在《共产党宣言》中，马克思恩格斯曾经把未来社会称之为"自由人的联合体"，他们宣称："代替那存在着阶级和阶级对立的资产阶级旧社会的，将是这样一个联合体，在那

---

① ［俄］尼古拉·别尔嘉耶夫：《人的奴役与自由》，第 1 页。
② ［俄］尼古拉·别尔嘉耶夫：《人的奴役与自由》，第 79 页。
③ ［俄］尼古拉·别尔嘉耶夫：《人的奴役与自由》，第 79 页。

里,每个人的自由发展是一切人的自由发展的条件。"①马克思在《1857—1858 年经济学手稿》中,也从人的自由发展角度对社会形态做了划分,认为"人的依赖关系(起初完全是自然发生的),是最初的社会形式,这种形态下,人的生产能力只是在狭窄的范围内和孤立的地点上发展着。以物的依赖性为基础的人的独立性,是第二大形式,在这种形式下,才形成普遍的社会物质交换、全面的关系、多方面的需要以及全面的能力体系。建立在个人全面发展和他们共同的、社会生产能力成为从属于他们的社会财富这一基础上的自由个性,是第三个阶段"。②恩格斯在谈到未来社会时也把它与自由联系起来。他认为一旦社会占有了生产资料,商品生产就将被消除,个人的生存斗争就将停止。人第一次成为自然界的真正的和自觉的主人,成为自己的社会关系的主人。"这是人类从必然的王国进入自由的王国的飞跃"。③

别尔嘉耶夫的理论也是围绕着人的自由展开的。他不仅反复论及人的自由,而且在他的心目中,自由是不可替代不可剥夺的,只有自由才能使人成为真正的人。一方面自由是人的最高准则,是人的存在追寻的目标。他说:"我始终确信:自由高于存在,精神高于自然,主体高于客体,个体人格高于共相—普遍的事物,爱高于法则。"④另一方面真实的人是自由的人,人自始至终都应是自由的人。他说:"具体的人不是被决定的人,而是自由的人。那些热衷并受限于自己的社团、政党和职业的非个体性提拔的人,不是具体的真实的人。"⑤在他看来,人的自由是不可剥夺的,任何与人的自由相背离的社会制度都是不合人性,必须加以拒斥的。

---

① 《马克思恩格斯选集》(第 1 卷),人民出版社 1995 年版,第 294 页。
② 《马克思恩格斯全集》(第 30 卷),人民出版社 1995 年版,第 107—108 页。
③ 《马克思恩格斯选集》(第 3 卷),人民出版社 1995 年版,第 634 页。
④ [俄]尼古拉·别尔嘉耶夫:《人的奴役与自由》,第 3 页。
⑤ [俄]尼古拉·别尔嘉耶夫:《人的奴役与自由》,第 79 页。

作为一位有责任感和使命感的思想家,别尔嘉耶夫不满足于仅仅在理论上的建树,他迫切希望能将理论与行动结合起来,摆脱人的受奴役的处境和命运。可以说,正是这种内在的精神驱动,促使他对注重现实和行动的社会主义始终怀有敬意。

尽管别尔嘉耶夫声称他的理论是"人格主义的社会主义",他也表达了对社会主义的好感和欣赏,但他毕竟不是真正的社会主义者。从马克思主义的视角来看,他的理论也与社会主义存在着较大差异。具体来说:

第一,在理论基础上的不同。作为一位宗教唯心主义思想家,别尔嘉耶夫从不讳言他的宗教情结。在他看来,宗教是直接关乎人的精神的,而人的解放从根本上来说是精神的超越。因此,他的理论始终以宗教为基础,把宗教与存在主义结合在一起,以此建构起他的宗教存在主义哲学。这样一来,他的理论重心就自然偏向了人的精神的超越和提升。人只有依靠信仰,通过与上帝的交会,才能获得动力。人改变自身的命运不是通过改变现实,而是通过拒斥社会,实现对现实的超越,进而达到个体精神的升华和自我的救赎,完成自身蜕变。从这个意义上来说,别尔嘉耶夫从一开始就决定了他的理论不可能与以马克思主义的历史唯物论为基础,主张尊重社会历史发展规律,把个人发展与社会发展结合起来的社会主义完全合拍。

第二,在理论重心上的不同。别尔嘉耶夫承认受易卜生的个体人格对集体的反叛以及陀思妥耶夫斯基关切人的命运和个体人格思想的影响,他将理论的重心始终放在个体人身上。他认为在俄国"左派"知识分子的情绪中,在马克思主义那里,他从未发现他们对这个问题的意识。在他看来,传统的社会主义对集体的关注大于对个体的关注,甚至用牺牲个体利益来维护集体利益。由于对社会主义的理解抱有成见,他把社会主义区分为集体主义的社会主义和人格主义的社会主义。前者视社会和国家高于个体人格,视平等高于自由,并以此作为拥有面包的前提。这意味着获取面包须以自由和良心为代价;后者弘扬个体人格,视个体人格高于社会和国家,视自由高于平等。面包既属于每一个人,同时也护卫每个人的自由和良心。他还把社会主义分为奴役的社会主义与自由的社会主义。前者指集体主义的国家主义的社会主义,即法西斯主义的社会主义。正是社会主义的这种法西斯主义的因素,败坏了社会主义,也败坏了人。而自由的社会主义建立在人格主义的价值和人格主义的互爱上。唯有在主体中内在的自由,才能拒斥客体化,使人从受物奴役的王国进入精神自由的王国。

无论是把社会主义区分为集体主义的社会主义和人格主义的社会主义,还是奴役的社会主义与自由的社会主义,都表明别尔嘉耶夫不满于传统社会主义在个体与集体关系上的做法。他从个体人格出发,反对一切以任何名义对人的奴役与压制,主张保持个体人格的独立性,实现人的真正自由。这就将个人与社会截然对立起来,并且试图以直接针对个人的方式来解决人的问题。

第三,在理论实现途径上的不同。在别尔嘉耶夫的一生中,他既经历了俄国沙皇专制统治,又经历了俄国社会主义革命。这使他既对资本主义又对俄国斯大林的专制主义集权统治心存疑虑,因此,他试图走出一条不同于以往社会主义的反对资本主义的新道路。具体来说,别尔嘉耶夫不赞同社会主义走社会革命的道路,以此推翻资本主义的统治。在他看来,人的自由是精神的自由,人的解放是精神的解放,所以,只有通过精神面向上帝的超越才能实现人的自由和解放,亦即借助宗教通过精神变革的途径来使人摆脱奴役。别尔嘉耶夫不认为他的这一做法是向宗教的让步。在宗教中,人与上帝的关系是屈从关系;而在他的理论中,人与上帝的关系是平等的,人不过是借助于上帝实现自身的超越。从根本上来说,社会主义的理论逻辑是人在社会生活中遭受社会关系的奴役和支配,因此,必须通过社会关系的改造才能实现人的解放;而别尔嘉耶夫的理论逻辑是个体始终是独立的个体,只要拒斥社会,保持个体人格就能实现人的解放。因此,在实现途径上,社会主义诉诸社会革命,而别尔嘉耶夫则诉诸个体精神超越。前者注重通过社会解放实现人的解放,后者则通过个体人格的自觉达到人的解放。

从上可知,别尔嘉耶夫无论是在理论还是在实践上,都伴随着与社会主义的接近和分离。一方面社会主义的正义性始终吸引着他,使他一直带有很深的社会主义情结,并且接近和同情社会主义。即使在他脱离社会主义以后,当社会主义受到攻击时,他也不惜为社会主义进行辩护;另一方面由于对社会主义抱有成见,加之不满于社会主义对个体人的轻视,他又与社会主义若即若离。为此,他试图将存在主义与社会主义结合起来,将人从奴役状态中解放出来,既维护社会正义,又观照个体人的命运,从而实现人的独立自由。总的来说,别尔嘉耶夫的这种存在主义式的社会主义带有理想主义色彩,他主张的通过与上帝交会实现个体精神超越的方式也具有神秘性,但他对个体人格的强调以及对个体自由的追求仍值得我们重视和关注。尤其是在当前我国社会主义市场经济建设过程中,由于受利益的冲击,人们过多地将眼光投注到世俗世界,从而造成精神世界的贫乏和荒芜。它客观上要求人们注重精神的提升和超越,注重理想和信念的引领作用。与此同时在个体与社会之间也应保持必要的张力,对个体的尊重是社会发展的必要准则,唯有保持个体与社会之间合理的关系,才能更好地推进社会的发展,促进个体的自由解放。从这个意义上来说,对个体与社会之间关系的合理认识与正确处理,是维护个体尊严、实现个体自由的重要保障。

第五章　基本人格与个体人格

在西方人格主义理论家中,拉尔夫·林顿(Ralph Linton,1893—1953)是具有代表性的一位思想家。他侧重于从社会文化视角探讨人格问题,是美国文化人格学派的主要代表之一。他主张人格是文化的产物,人格表现并反映着文化。不同的文化型态塑造出不同的人格类型,而在同一种文化型态下,个人具有大体相同的人格类型,他称之为"基本人格"。个人除"基本人格"之外,还存在与特定的身份群体相联系的人格型态,他称之为"身份人格"。它们共同组成个人对世界的综合反应结构。而尼古拉·别尔嘉耶夫(Nicola Berdyaev,1874—1948)则是 20 世纪俄国最伟大的思想家,他侧重于从个体精神层面探讨人格问题。在他看来,人类的普遍性固然重要,但更为重要的是人的不可重复和不可替代的个体性。人是个体人格,个体人格铸成人"这一个谜"。人的解放便是摆脱外化、异化和客体化的社会,获得独立的个体人格。林顿和别尔嘉耶夫的人格理论均具有鲜明的理论特色,对其进行理论比较和分析,不仅有助于我们对西方不同人格理论的了解,而且有助于我们更好地思考人格问题,弄清人在社会生活中的处境和命运。

一、理论的共通性

在林顿和别尔嘉耶夫的人格理论中,个体不仅是人格的担当者,而且是人格研究的合理出发点。不过在对个体的理解上,林顿和别尔嘉耶夫却存在着明显的分歧。作为一位文化人格学家,林顿的思想深受文化人类学的影响。自 20 世纪以来,文化人类学不仅在一般意义上指认了文化与人格之间的关联,而且转向了人种学的研究,将注意力更多地转向了特定社会的文化模式、个体行为、社会特征以及社会组织结构等的研究,这就有可能去更深入地探讨不同社会文化背景下不同人格的状况以及外在反应。在林顿看来,人格的差异是由特定的文化差异造成的,不同社会文化的差异造成了个体人格的差异。因此,要了解个体人格的状况就必须先回到他所生活的文化语境之中。他说:"我们必须非常熟悉其他群体的文化之后才能清楚地了解个人行为规范和文化规范,进而作为判断个人人格更深层次的指标。"①正是基于文化人类学的理论基础,林顿提出了他的"基本人格型"理论,用以说明因不同社会文化而形成的某一特定社会形态中共同价值观体系下的人格型态。

在林顿那里,"基本人格型"是指社会成员共同的人格因素一起形成的一个紧密结合的综合结构。林顿认为,在同一个社会中,社会成员具有共享的价值体系,尽管人们的社会地位、性别有所不同,但是却具有共同的人格因素。"这些共同的人格因素一起形成的一个紧密结合的综合结构,我们称之为整个社会的'基本人格型'"。② "基本人格型"相同的社会成员往往具有共同的理解方式和价值观,并且能够对相关的价值情境作出一致的情感反应。从"基本人格型"的形成不难判断,它不是由个人所能决定的,而是取决于一个社会人们共享的价

---

① [美]拉尔夫·林顿:《人格的文化背景——文化、社会与个体关系之研究》,陈学晶译,广西师范大学出版社 2007 年版,第 115 页。

② [美]拉尔夫·林顿:《人格的文化背景——文化、社会与个体关系之研究》,第 102 页。

值体系。如果一个社会试图对个体产生积极的引导,就必须建立合理的价值体系,对"基本人格型"的形成施加影响。

然而,我们发现即使处在同一个社会中,人们仍然可能会存在明显的人格差异,这表明个体人格中除了"基本人格型"之外,还存在与特定的身份群体相联系的人格型态。个体人格并不只是对社会的共同价值体系的认可,表现为单一的基本人格型态,它还跟一定的身份群体有关,林顿称之为"身份人格"。他说:"我们还将会发现在每一个社会里还有另外的反应综合结构,这些是与社会里某些特定的群体相联系的。例如,几乎在所有情况下,男人、女人、少年人和成年人等有不同的反应综合结构的性质。在一个阶级社会,类似的差异可以从不同社会阶层中的个人身上察觉到,比如贵族、平民和奴隶。这些联系于身份的反应综合结构可以称作'身份人格'(Status Personality)。"① 可见,在一个社会中每个个体身上都有两种反应的综合结构,即"基本人格型"和"身份人格"。"基本人格型"是个体身上体现出的社会共同性特征,而"身份人格"则是个体身上体现出的个性化特征,它是社会正常运转的重要保障。一旦一个人的身份得到提示,社会成员就能够进行成功的交流和互动。既然个体身上具有"基本人格型"和"身份人格"双重人格型态,那么它们之间又存在何种关联呢?林顿认为:"任何社会认定的身份人格是添加于基本人格之上,并与之相融合的。不过,它们与基本人格的不同之处在于格外偏重特定的外在反应(overt responses)。这种偏重如此明显,以至于我们要问是否能说身份人格包含与基本人格不同的价值观体系。"② 这意味着不同的身份群体既分

---

① [美]拉尔夫·林顿:《人格的文化背景——文化、社会与个体关系之研究》,第102页。

② [美]拉尔夫·林顿:《人格的文化背景——文化、社会与个体关系之研究》,第102—103页。

有着社会共同的价值观体系，又具有自身独有的价值观体系，并且在其影响下形成特定的反应模式。通过一个人的言行，我们大体可以判断他的身份群体；同时通过他的身份群体，我们也可对他的言行有所期待。

在西方人格理论中，思想家们通常都会承认基本人格与身份人格的存在，但大多是从生物学的角度做出解释，认为基本人格与种族相关，而身份人格则与男女地位或遗传有关。在林顿看来，个体人格无论是基本人格还是身份人格总体上都是由社会决定的。基本人格是由社会的一般价值体系决定的，而身份人格是由特定群体的价值体系决定的。

与林顿把社会与个体人格相关联、肯定社会对个体人格的作用和影响不同，别尔嘉耶夫则极力拒斥和反对社会对个体人格施加的影响。他把社会与个体人格截然对立起来，认为个体人格是人之为人的根本，它只与个体有关，个体只有保持人格的独立性，不受社会的强制，才能成为真正的自我。社会作为外化、异化和客体化的存在不仅不能积极作用于个体人格，相反，它只会使个体遭受种种奴役，使个体人格受到扭曲。在别尔嘉耶夫看来，一个人要想有尊严地活着，就必须保持自身的个体人格。"即使无足轻重的小人物，个体人格也支撑着他们的最高存在的形象，万万不能将他们所拥有的生存意义上的核心——个体人格，转换为工具"。① 在这里别尔嘉耶夫从生存论的意义上确立了人的不可剥夺的权利和尊严，确立了个体人格以及与个体人格相关联的个体人的自由、精神、主体和爱等等的最高地位和价值。别尔嘉耶夫并不否认人的社会性，他说："具体的人是社会的人，不能

---

① ［俄］尼古拉·别尔嘉耶夫：《人的奴役与自由》，徐黎明译，贵州人民出版社2007年第2版，第3页。

把人从他的社会性中抽象出来。"①只不过他不是从肯定的意义上来说明人的社会性,而是阐明了人的这种不可摆脱的宿命对于人的消极影响和作用。人既是社会生存,也是个体生存。作为社会生存,人不可避免地会遭受奴役,受到压制;作为个体生存,人又具有自身的独立和尊严,不能消极被动地适应社会,甘愿接受社会的模化。他说:"人的纯粹的社会性即人的社会性的完全抽象,这会把人铸成抽象的生存。剖析人时,视人为纯粹的社会生存,也就把人放在了奴役的位置上。""具体的人不是被决定的人,而是自由的人。那些热衷并受限于自己的社团、政党和职业的非个体性提拔的人,不是具体的真实的人。"②

　　别尔嘉耶夫之所以将社会与个体对立起来,是因为他把人看成是一种具有两重性的矛盾生存:人首先是肉体存在,为了生存必须追求物质利益,介入社会,因而难以摆脱社会的奴役;人同时又是精神存在,有高尚的精神追求,不甘于受奴役和支配。"具体说,人悬于'两极':既神又兽,既高贵又卑劣,既自由又受奴役,既向上超升又堕落沉沦,既弘扬至爱和牺牲,又彰显万般的残忍和无尽的自我中心主义"。③ 对于个人来说,就必须对自己的生存处境有所认识,并且做出回应和选择。一方面,"人的社会化致使人贬为部分,致使人无法拓展深层面上的个体人格和良心,无法开掘生命的源头。日益扩展的社会化围剿着人的深层面上的生存,鲸吞着精神生命"。④ 另一方面,"个体人格要首先审视人的这种悲剧:人不再作为个体性的生存而生存着。于此,奴役的孽根是客体性。客体化是践踏个体人格价值的统治的形成。正是人的本性的客体化、外化、异化,人才受到强力意志、金钱、贪

---

①　[俄]尼古拉·别尔嘉耶夫:《人的奴役与自由》,第79页。
②　[俄]尼古拉·别尔嘉耶夫:《人的奴役与自由》,第79页。
③　[俄]尼古拉·别尔嘉耶夫:《人的奴役与自由》,第3页。
④　[俄]尼古拉·别尔嘉耶夫:《人的奴役与自由》,第33页。

欲、虚荣等的奴役,个体人格才受到致命的伤害"。① 作为肉体生命,人必须生活于社会中,并且受客体化的社会所制约,结果造成对人的深层次的精神生命的伤害和奴役。因此,人只有克服重重障碍,想方设法持守自己精神生命的存在,才能保持自身的独立存在。

别尔嘉耶夫认为,在长期的社会统治中形成了普遍——共相的事物对个别——殊相的事物的奴役。具体来说,人在生活的世界中会受到存在的奴役、上帝的奴役、自然的奴役、社会的奴役、文明的奴役、自我的奴役以及王国的诱惑与奴役、战争的诱惑与奴役、民族主义的诱惑与奴役、贵族主义的诱惑与奴役、资产阶级性、财产、金钱的诱惑与奴役、革命的诱惑与奴役、集体主义的诱惑与奴役、爱欲的诱惑与奴役和美感的诱惑与奴役等。在这重重奴役当中,人若放弃反抗等于放弃自我,只有实现对人的个体人格的坚守才能使人避免这一悲剧。他说:"遏止人的这一悲剧,抗争人的被奴役,唯有通过个体人格实现自身的生存和自身的命运。这种实现,置于有限与无限、相对与绝对、多与一、必然与自由、外在与内在的既结合又对立之中。"②

可见,在别尔嘉耶夫眼里,压根就不存在林顿所说的"基本人格"和"身份人格"之别。人唯一所具有的是"个体人格",它是个体独立的人格,不受任何社会因素的制约。人只有持守自己的"个体人格",才能保持自己的独立和尊严。别尔嘉耶夫和林顿的观点差异,实则反映了他们思维路径的不同。林顿的观点突出了社会文化对人格的铸造作用,别尔嘉耶夫的观点则强调了个体的独立性。相比较而言,林顿是在现实层面对人格的具体阐释,别尔嘉耶夫则是在精神层面对人格的期许。对他们的思想需要辩证地加以分析和理解。

① [俄]尼古拉·别尔嘉耶夫:《人的奴役与自由》,第33页。
② [俄]尼古拉·别尔嘉耶夫:《人的奴役与自由》,第33页。

二、理论的差异性

作为差不多同时代的思想家,林顿和别尔嘉耶夫都经历了社会动荡和世界大战,他们都关注个体的处境和命运,都从个体出发,并试图寻找到有关人格问题的合理解释。这是他们理论的共同之处。但是,由于站在不同的理论立场上,他们的思想又存在着诸多差异。具体来说:

首先,对人的理解不同。林顿更侧重于从社会文化角度看待人,把人看成是"文化人";而别尔嘉耶夫则侧重于从精神角度看待人,把人看成是"自由人"。从前者的角度来看,人是由社会文化塑造的,人的改造首先是文化的改造,人格的塑造归根结底是文化的塑造。因此,"文化必须被视为各社会建立人格类型及社会特有的各种身份人格系列的支配因素"。[①]当我们积累着对其他社会和文化的知识时,就可以少带许多预设去研究人格,从而更触及人格的深层。当然,林顿只是把文化当成是人格的支配因素,而不是唯一因素,除了文化的因素之外,还有个人生理决定的潜能和与他人的关系等。文化的因素可以用来解释平均的、正常的个人人格,而非文化的因素可以用来解释特定人格综合结构。此外还有超乎正常人格差异范围的特异人格,它的形成部分与个人早期环境与经验的意外事件有关,部分与基因有关。但总的来说,人格的状况主要取决于文化的状况。从后者的角度来看,虽然人的肉体生命受制于社会,但人的精神生命却应超越于社会。别尔嘉耶夫不承认个体人格与社会有何关联,虽然个体不得不存在于社会之中,但是,个体人格却总是遭受着社会的压制,"身临这个

---

① 〔美〕拉尔夫·林顿:《人格的文化背景——文化、社会与个体关系之研究》,第117 页。

混乱不堪的世界,个体人格的生存不能不痛苦万状".① 他认为文化应更贴近人格和精神,但是,现实社会中文化却堕落了。文化氛围导致人们成为虚幻的幽灵似的生存物,文化人沦为文献的、技巧的奴隶。文化总用自己的价值和成果诱惑人,总企图永远置人于客体化世界中。因此,人只有拒斥社会化,实现文化的突破和转化,才能持存个体人格,保持精神的独立和自我。然而,一个人身处世俗世界之中,如果没有外力的帮助很难实现对社会的超越。因此,他试图借助个体与上帝的精神交会,实现人的提升,从而摆脱外在的奴役性生存,达到内在的自由解放。他说:"个体人格——上帝,不想充当人的统治者,它提升人,荣耀人;个体人格——人,应成为上帝的荣耀,感领上帝的恩泽,回应上帝的召唤,与上帝进行爱的相遇。"② 可见,林顿从文化出发,更注重人格的共性、普遍性,试图从一般的文化模式中去把握和理解人格;别尔嘉耶夫则从个体出发,更注重人格的个性、特殊性,试图从独立的精神层面去把握和理解人格。

其次,理论基础不同。作为一位文化人类学家,林顿是在文化人类学基础上来建构他的文化人格学的。因此,他的人格理论总是与文化联系在一起。一个社会有什么样的文化,就会造就什么样的人格。一旦脱离了文化,我们就难以理解人格。别尔嘉耶夫的理论基础则较为复杂,既有存在主义、宗教学思想,同时又有社会主义的情结。他的存在主义思想,使他确立了以个体人格为其理论核心;他的宗教学思想,使他把与上帝的见面交会当成是个体人格确立的手段;他的社会主义情结,使他关注人的现实处境和命运。但总的来说,别尔嘉耶夫更注重人的精神的独立和自由、超越和提升。他极力反对人受世俗社

---

① [俄]尼古拉·别尔嘉耶夫:《人的奴役与自由》,第10页。
② [俄]尼古拉·别尔嘉耶夫:《人的奴役与自由》,第19页。

会的奴役,主张通过个体的信仰,从上帝那里获得动力,完成自身的精神蜕变,实现自我救赎。作为一位宗教学思想家,别尔嘉耶夫从不讳言他的宗教信仰。在他看来,宗教是直接关乎人的精神的,而人的解放从根本上来说是精神的超越。因此,他的理论始终与宗教息息相关,并且借助宗教来促成个体人格的形成。

第三,理论视角不同。林顿和别尔嘉耶夫都把人放置到一定的社会情境之中,只不过他们理论分析的视角却截然不同。林顿是从社会的视角来分析人格问题,而别尔嘉耶夫则站在个体的角度来看待人格问题。在林顿看来,虽然人格以心理反应的形式表现出来,但是,它的形成却直接与一定的社会文化环境有关。人们始终处于一定的社会文化之中,不管人们是否接受和认同,社会文化都会在个体的"基本人格"和"身份人格"中有所反映。而在别尔嘉耶夫看来,个体人格属于精神层面,它与上帝有关;社会属于客体层面,只会造成对人精神的压抑。他把人的生存、自由与客体化对立起来,认为人的社会化过程就是客体化过程,就是人遭受奴役、失去自由的过程。社会对人意味着的只是奴役,不是自由。因此,他极力拒斥社会,要求人们持守个体人格。个体人格的形成与社会无关,"它拥有自己的家园,它来自另一个世界"。① 它不是先天具有的,而是在人们对自由的追求和精神创造中才能形成。可见,在人格问题上,林顿所持的是社会人格的立场,别尔嘉耶夫所持的则是个体人格的立场。前者承认社会即文化对人格的塑造作用,后者则把人格看成完全独立于社会的。

最后,个体解放途径不同。林顿接受和认可社会,他承认人格与社会文化之间存在的内在关联,把人格的塑造与文化的改造结合在一起,反对离开一定的社会文化抽象地谈论人格问题。在他看来,虽然

---

① 〔俄〕尼古拉·别尔嘉耶夫:《人的奴役与自由》,第4页。

性别与遗传对人格也产生一定的影响,但是对人格具有决定作用的则是文化。他的理论指向是对社会文化的认同。因此,一方面我们尊重不同的人格就应尊重不同的文化,文化的差异反映着人格的差异;另一方面对人格的改造首先是对文化的改造。人格归根结底是文化的积淀,社会与家庭、文化与亚文化的变化才能最终引起人格的变化。别尔嘉耶夫则反对社会,他不仅不认为个体人格应与社会相关,而且把社会看成是个体遭受奴役的源泉。主张通过个体精神的升华达到对个体人格的自觉,实现对现实的超越和精神自由。在他看来,"人自身的个体人格朗照着人。它是人的最高本性和最高使命。一个人纵然横遭压抑,磨难不已;纵然沉疴在身,不久人世;纵然只存于一种可能性或者潜能中;但重要的是万万不能没有个体人格。人一旦没有个体人格,也就混同于世界的其他事物,也就失掉人自身的独特性"。①正因为如此,他极力想通过个体人格的培植来实现人的救赎,进而确立人在世界上的独一无二的存在地位。人不能只甘于做一个个体的人,而是要做一个具有个体人格的人。"个体人格是自由,它卓然独立于自然、社会、国家。个体人格的自由迥然异于个体人的利己的自我确定"。② 只有拥有个体人格,才能使人在同世界发生关系时持守住自己的独立和尊严。

总之,在有关人的问题上,人格问题是一个极为复杂的问题。林顿和别尔嘉耶夫向我们提供了两种截然不同的人格理解模式,这既反映了他们对待个体与社会关系的不同态度,也反映了他们不同的文化心态和文化背景。

作为一位纯粹的研究者,林顿受到的影响更多来自文化人类学的理论背景,是对个人人格单纯理论上的分析。在他的理论视域中,人、

---

① [俄]尼古拉·别尔嘉耶夫:《人的奴役与自由》,第4页。
② [俄]尼古拉·别尔嘉耶夫:《人的奴役与自由》,第4页。

文化和社会是紧密相连的,只有把人置于一定的社会文化之中,我们才能真正理解人格的含义。林顿试图通过对文化的解析,来说明现实生活中个体的人格问题。对文化的认识,是认识人格问题的切入点。在他看来,人格问题不只是一个个人问题,而是一个社会问题。解决人格问题也不只是个人的事,而是与社会息息相关。只有实现文化转向,才能实现人格型态的根本转变。由于个人、文化和社会的关系异常复杂,我们也不能使用实验室和计算尺等通常的科学研究手段,这就使得寻找适合的研究技术显得非常重要也非常困难。在林顿看来,这是一项开拓性的研究工作,具有重要的理论和实践意义。

与林顿相比,别尔嘉耶夫的思想形成要复杂得多。别尔嘉耶夫既是一位理论家,又是一位革命家。他的思想既受到西方各种社会思潮不同思想家的影响,又有宗教唯心论的基础,同时还有来自对现实的考量。他声称自己从来就不是一位学院式的哲学家,从来就不想使哲学远遁生活而成为抽象的东西。他曾明确表示:"就我的哲学生存来说,它不仅企盼认识世界,也企盼变革世界。"① 别尔嘉耶夫一生经历了三次大战,其中两次世界大战,另外一次则是 1905 年与 1917 年的俄罗斯革命。在 20 世纪,他还经历了俄罗斯的精神文化的复兴阶段,经历了俄罗斯共产主义政治的统治,体认了整个欧洲文化的危机,目睹了中欧的动荡不安、法国的沦陷、德国军队的掠城等等。因此,"哲学家面临历史剧变,即精神进行重大转向的时期,不可能再羁绊于书斋、书本,不可能再是一个与世隔绝的人,不可能不感悟到精神的挣扎"。② 他亲身参加了俄国的社会主义革命,既对俄国社会人民的处境有充分的了解和同情,又对社会主义运动中存在的问题有切身的体会。这使他常常陷入矛盾和困惑之中。他坚信人生活在两个世界中:一是精

---

①　[俄]尼古拉·别尔嘉耶夫:《人的奴役与自由》,第 1 页。
②　[俄]尼古拉·别尔嘉耶夫:《人的奴役与自由》,第 1 页。

神世界,一是世俗世界。人的精神世界使人独立和具有尊严,但却受到世俗世界的挤压。人在世俗世界中受到客体化的社会的奴役,遭受痛苦和不幸。所以他既关心个体精神方面的提升,又关注个体在世俗世界的处境。他说:"我既热爱、迷恋另一个冰清玉洁的高伟世界,也怜悯、痛惜这一个卑俗受难的世界——这两个世界常在我的内心里冲突着。"①正是基于对人的双重认识,他认为必须寻找到使人能够在两个世界中均获得解放的途径。这个途径就是对个体人格的强调。他说:"人不仅应向上超升,出俗不染,也应向下观照,同情怜悯尘寰中的一切。在精神的与理性的道路上,我走了一程又一程,个体人格是我最终所领悟到的真理。"②别尔嘉耶夫之所以如此重视个体人格,是他站在存在主义的立场上,从个体的生存和自由出发,反思人在社会中的客体化所造成的对人的全面压制和奴役的结果。用他自己的话说:"我最重要的基石和最核心的思想是:客体化与生存、自由的相互对立。"③他认为只有个体人格才能使个人身在客体化的社会之中却依然能够保持精神的独立,不被社会所同化。他把他的这一有关个体人格的理论称之为"人格主义的社会主义",他说:"由于沉思和信仰,社会主义伴随我生命的全部里程。我把这项真理称为人格主义的社会主义。这种社会主义,迥异于占优势的形而上学的社会主义。其区别即在于:前者的基础是个体人格高于社会,后者的基础是社会高于个体人格。"④别尔嘉耶夫关注的理论焦点始终是个人,在他看来,社会主义的目的也是要实现人的自由解放,因此,他一直把社会主义当成是一项正义的事业。这是他把自己的理论称之为"社会主义"的重要原因。

---

① 〔俄〕尼古拉·别尔嘉耶夫:《人的奴役与自由》,第2页。
② 〔俄〕尼古拉·别尔嘉耶夫:《人的奴役与自由》,第3页。
③ 〔俄〕尼古拉·别尔嘉耶夫:《人的奴役与自由》,第4页。
④ 〔俄〕尼古拉·别尔嘉耶夫:《人的奴役与自由》,第8页。

但是,他又不满于传统的社会主义对人的精神的忽视以及把社会凌驾于个人之上的做法,所以,他要用人格主义来补充社会主义,通过人的精神超越来实现人的现实解放。

从上可知,林顿注重外在环境因素对人格的作用,别尔嘉耶夫注重人的内在特质;林顿注重对当下社会中人格的具体描绘和阐释,别尔嘉耶夫则注重个体人格的独立和养成。林顿认为个体人格是由社会文化塑造的,人格中包含着文化的内容,别尔嘉耶夫则认为个体人格的形成与社会无关,只有个人摆脱客体化的社会,实现精神的超越和自由才能形成个体人格。总的来说,林顿的人格理论更符合人的实际存在状况。人总是生活于一定的社会之中,因而个体人格的形成不可能与社会无关。不过,林顿过于强调文化在总体上对人格的决定作用,容易模糊人格的真正决定因素。别尔嘉耶夫的人格理论则带有很强的理想性和宗教色彩,但它对个体人格和精神超越的重视对我们认清人格问题、处理个体自由与社会奴役的关系也具有很大的启发性。人格始终是人的人格,它是社会各因素综合作用的结果,归根结底,它要受一定社会的生产方式所制约。只有认清了人格形成和发展的真正根源,我们才能不仅对人格做出合理的解释,而且寻找到解决人格问题的现实途径。

第六章　马克思对资本主义社会的人格分析

马克思对人格的分析从来不是抽象的,他坚持逻辑与历史相统一的原则,把对人格的分析与资本主义制度紧密结合起来,揭示了资本主义社会中"物的人格化"和"人格的物化"现象。通过对人格问题的分析,从而对资本主义社会的本质作出了入木三分的揭露。马克思对于人的看法始终坚持历史唯物主义的观点,他从"现实的人"出发,把对人格的分析与资本主义商品经济的特殊形式结合起来,从而揭示了资本主义经济关系下的具体的、人类当时有史以来最为复杂的社会形态中的人格状况,为我们考察人类历史上不同时期的人格问题提供了重要的方法论指导。

一、物的人格化

在 1867 年《资本论》第一卷第 1 版的序言中,马克思明确提出:"我决不用玫瑰色描绘资本家和地主的面貌。不过这里涉及到的人,只是经济范畴的人格化,是一定的经济关系和利益的承担者。我的观点是把经济的社会形态的发展理解为一种自然史的过程。不管个人在主观上怎样超脱各种关系,它在社会意义上总是这些关系的产物。"①马克思的这段话贯穿着一个极为重要的思想:人性不是由人自

---

① 《马克思恩格斯选集》(第 2 卷),人民出版社 1995 年版,第 101—102 页。

身决定和支配的,它是历史运动的结果,人类的历史也就是人类本性不断改变的历史。这可以被看成是我们分析和说明人的一个基本方法。

　　把这一方法运用到对资本主义社会的分析,我们就不难发现:无论是工人还是资本家,其命运都不是由其个人所能支配的,作为经济范畴的人格化,他们只不过执行着不同经济范畴的社会职能而已。马克思在这里提出了一个极为重要的人学研究思路,那就是对于人的研究始终应当与人所处的社会关系尤其是经济关系结合起来,只有放在一定的经济关系中,人的一切才变得可以理解。这倒不是为地主和资本家辩护,而是使批判更有针对性。不是为了发泄对地主和资本家个人的不满,而是把剥削看成是一种社会现象,因而实际地去改变社会制度。

　　基于上述对人的基本认识,马克思对人格问题的分析主要从以下三个方面入手:

　　第一,对资本主义生产的分析。马克思认为:"资本主义生产的特征是,劳动条件作为某种独立的、人格化的东西同活劳动相对立,不是工人使用劳动条件,而是劳动条件使用工人。正因为这样,劳动条件才成为资本,而拥有劳动条件的商品所有者则作为资本家同工人相对立。"①劳动条件只有在人格化后才成为资本,换句话说,只有作为物的资本取得了主体的地位,而作为人的工人沦为客体地位时,资本主义生产才得以进行。而资本主义生产是由资本主义制度造成的,因此说到底,是资本主义的制度才造成了在全社会范围内的物和人在主、客体地位上的颠倒。这意味着:资本主义社会中出现的劳动条件的人格化现象,是资本主义商品经济的结构和运行机制的必然形式,任何

---

　　① 《马克思恩格斯全集》(第47卷),人民出版社1985年版,第514页。

个人都无力改变这一事实。要改变这种被颠倒了的关系,就必须从根本上改变资本主义制度,除此之外没有别的办法。

马克思在这里所讲的劳动条件的人格化,是"物的人格化"的具体表现。所谓"物的人格化"表现的是物的人化形态,是商品经济条件下所造成的一种物的特殊表现形式。作为成熟的商品经济的表现,资本主义社会造成了人与物关系的全面颠倒,而这种被颠倒了的社会关系恰恰是资本家和工人活动的基本社会背景,因此,资本家和工人的活动不仅会受到这种社会关系的影响,更为重要的是要受到这种社会关系的限制,它成为我们分析资本家和工人活动的当然前提。

第二,对工人的分析。马克思对于工人的分析也是基于经济范畴的人格化这一基本的分析原则。那么,工人是什么经济范畴的人格化呢? 是劳动。马克思指出:"劳动在雇佣工人身上人格化了"。[①] 工人只是在充当着雇佣劳动的人格化的角色,换句话说,工人只有在成为雇佣劳动的人格化时才是工人。正因为如此,工人本身对于他所扮演的角色是无力改变的。它规定了工人的本质,并且也决定了工人的命运。

我们知道,劳动是人类超出动物界的基础。正是依赖于劳动,人类才创造出了属人的世界。然而,在资本主义社会中,由于劳动条件的人格化,决定了劳动的人格化。劳动出现的这种异化现象,使得从事劳动的工人也同时异化了。所以马克思讲:对于工人来说,是"铁人起来反对有血有肉的人。工人的劳动受资本支配,资本吸吮工人的劳动。"[②]这意味着工人要受着双重的奴役:一是受着铁人——机器的奴役。由于机器作为生产资料掌握在资本家的手里,它是奴役工人的重要手段。因此,不是工人支配机器,而是机器支配工人的劳动。机

---

① 《马克思恩格斯全集》(第 26 卷·Ⅲ),人民出版社 1975 年版,第 571 页。
② 《马克思恩格斯全集》(第 47 卷),第 567 页。

器作为资本的直接形式,执行着它的特殊社会功能,即带来剩余价值。对于这一点来说,所有工人的劳动都是一致的,都要接受"铁人"的支配,没有方式、程度上的不同;二是受着资本家的奴役。每一个资本家都是在执行着资本的职能,但是,不同的资本家执行资本职能的方式和程度是不相同的,因而工人受资本奴役的方式和程度也是不同的。尽管工人从总体上来说不能摆脱受剥削的命运,但是,由于隶属于不同的资本家,工人所受剥削的方式和程度还是有所区别的,有时甚至差别还较大。这就决定了工人的人格独立始终是有前提的,他只有在遭受剥削时才是工人,而他是工人就必然遭受剥削。从这个意义上来说,工人的人格独立只能是相对的,是在接受资本主义的剥削关系下的独立,因此只能是有限的独立。

第三,对资本家的分析。马克思同样从他的基本分析方法入手,对资本家的本性进行了分析。马克思认为:对于资本家来说,"作为人格化的资本,它是为生产而生产,想为发财而发财"。[①] 资本的本性就是求利,是想方设法带来更多的财富。资本不能带来财富就不再是资本,这决定了资本家在资本的统治下必然会受发财的绝对欲望支配。资本家是在执行着资本的无声命令,他同工人一样,也是充当着物的奴隶。

因此,在资本主义社会中,资本家不过是资本的人格化,工人则是劳动的人格化。资本主义是一个全面物化的时代,是人受物化的社会关系制约和支配的时代,人与人之间仅有的感情关系已经被物与物的冰冷的关系所代替,或者更严格地说,是人与人的关系服从于物与物的关系。这就不难理解:一个再具有人情味的资本家,他也必须在保证自己获利的前提下从事生产经营活动。资本的本性就是能够带来

---

①　《马克思恩格斯全集》(第 26 卷·Ⅰ),人民出版社 1973 年版,第 292 页。

剩余价值，如果不能获利，资本就不成其为资本，资本家就会破产。过去我们在对资本家的评价上存在着一个明显的问题：因为资本家总是要剥削的，所以，资本家是恶劣的。这就把针对资本的批判变成了针对资本家个人的批判，把应由资本承担的责任变成了由资本家个人承担的责任。实际上，资本家所能做的，不是放弃剥削，而只是改变剥削的方式、程度而已。因为剥削作为一种社会现象不是资本家带来的，而是资本主义的私有制度造成的。资本家只是资本的人格化，他是执行着资本的职能。只要资本主义的私有制度存在一天，资本家就只能是这种社会关系的产物。因此，对于资本家来说，剥不剥削不是他个人可以选择的，他可以选择的是剥削的方式以及剥削的程度等等。如果一个资本家不剥削，那他就不是资本家；而只要他是资本家，他就不可能不剥削。我们以前针对资本家的批判，往往集中在对资本家的剥削的批判。而实际上，由于这种批判没有抓住要害，反而显得软弱无力。既然资本家的剥削不是由资本家个人造成的，针对资本家剥削的道义批判就失去了意义和应有的力量。对资本家剥削的批判不应是道义上的，而是现实的批判。因为资本家的剥削归根到底是由资本主义制度造成的，对于资本主义制度而言，道义上的批判是无能为力的，只有诉诸现实的批判才能触及并最终改变资本主义制度。对于资本家来说，可以进行道义上的评价和批判的是其剥削的方式和程度。它的直接结果是：通过这种批判，并且结合针对资本家个人的实际斗争如游行和罢工，工人通常可以争取到更自由、更平等的权利。但是对于资本主义制度的改变来说，这种批判并不具有决定性的意义。

综上所述，资本主义社会造成了物的普遍人格化现象，它使得物具有了特殊的功能和地位，而人则逐渐丧失了自己的地位和尊严。作为资本的物并不天然具有剥削性，然而，一旦物成为资本，就使它赋有了剥削的社会本性,到处攫取和掠夺,永无休止地追逐利润。它俨然成为资本主义世界的主宰,为了追逐利润,不断恣意横行、为所欲为。正如马克思在《资本论》中曾经引用《评论家季刊》(1860)的话说:"资本逃避动乱和纷争,它的本性是胆怯的。这是真的,但还不是全部真理。资本害怕没有利润或利润太少,就像自然界害怕真空一样。一旦有适当的利润,资本就胆大起来。如果有 10％的利润,它就保证到处被使用;有 20％的利润,它就活跃起来;有 50％的利润,它就铤而走险;为了 100％的利润,它就敢践踏一切人间法律;有 300％的利润,它就敢犯任何罪行,甚至冒绞首的危险。如果动乱和纷争能带来利润,它就会鼓励动乱和纷争。走私和贩卖奴隶就是证明。"[①]

二、人格的物化

与"物的人格化"相对应的是"人格的物化",这是一个过程的两个不同方面。"物的人格化"过程同时是"人格的物化"过程,物的地位的提升相伴随的是人的地位的下降,它们彼此是不能分割的。马克思正是通过对"物的人格化"和"人格的物化"的双重分析,全面剖析了资本主义社会的人格状况。因此,我们只有把两者结合起来看,才能全面地理解马克思的人格观。

早在《共产党宣言》中,马克思、恩格斯就曾经指出:资本主义社会"使人和人之间除了赤裸裸的利害关系即冷酷无情的'现金交易'之外,再也找不到任何别的联系了。它把高尚激昂的宗教虔诚、义侠的血性、庸人的温情,一概淹没在利己主义的冰水之中。它把人的个人尊严变成了交换价值,它把无数特许的和自力挣得的自由都用一种没有良心的贸易自由来代替了"。[②] 这段话清楚地表明:在资本主义制

---

① 《马克思恩格斯全集》(第 23 卷),人民出版社 1972 年版,第 829 页。
② 《马克思恩格斯全集》(第 4 卷),人民出版社 1958 年版,第 468 页。

度下，人与人之间的关系已经物化成了金钱关系，或者说人与人之间的关系要通过金钱关系才能表现出来。而且这种金钱关系不仅没有受到人们的谴责，相反它成为了人们普遍尊崇的对象。在这里，人们的关系依然存在，甚至更为紧密。但所不同的是：这种关系已经脱离了它的自然面貌和原初形态，一切都成了利益关系、金钱关系，失去了它的自然本色。尽管马克思对资本主义的批判在他的成熟时期的著作里从来都不只是道德上的义愤，然而，马克思从来没有停止过对资本主义道义上的批判。把对资本家的道义批判与对资本主义制度的现实批判结合起来，正是马克思主义理论的独到之处。没有对资本主义制度的现实批判，仅仅诉诸道义上的批判是软弱无力的；而道义批判又有利于现实的批判，对现实批判起到推动作用。

　　资本主义社会中发生的人与物关系的变化和颠倒，是由商品生产的本性决定的。生产最初是为了满足人的需要而出现的，因而这种生产是一种自然的、直接的生产。生产本身不是目的，而生产的结果才是目的。然而，在商品生产条件下，情况则发生了变化。商品生产是为生产而生产，尤其在资本主义社会中更是达到了登峰造极的地步。商品生产要求人们之间的关系要借助于物才能联结起来，因而物具有了特殊的功能。物被人格化了，而人则被物化了。只要商品生产还存在一天，这种颠倒就不可能被完全消除。在社会主义国家中，商品生产依然是社会生产的主要形式，只是其表现的方式以及力度发生了改变。因此，"物的人格化"和"人格的物化"现象在一定范围内同样存在。至于马克思没有讲到社会主义社会中仍然存在这种人格异化现象，是因为他把社会主义看成是建立在发达资本主义基础上的对私有制度的全面超越。而实际的社会主义发展进程并没有如其所愿，而是表现出了一种曲折的发展历程。

　　正是基于对资本主义商品生产的深刻认识，马克思对资本主义社会的内在矛盾作出了系统分析。他说:"商品内在的使用价值和价值的对立,私人劳动同时必须表现为直接社会劳动的对立,特殊的具体的劳动同时只是当作抽象的一般劳动的对立,物的人格化和人格的物化的对立——这种内在的矛盾在商品形态变化的对立中取得了发展的运动形式。"①在这里,马克思直接地提出了"物的人格化"以及"人格的物化"概念,并且把它们当成商品生产过程中的一种内在矛盾,从而在人与物的结合关系上说明了资本主义商品经济条件下人的实际处境。

所谓"人格的物化",是指人与人之间的关系需要通过物与物的关系表现出来,它是人格在资本主义社会中的一种特殊表现形式。它表明的是人的地位的下降,物的地位的提升。当然,这里所讲的"物"不是指自然物,而是指承载和体现社会关系的社会物,是人的劳动的产物。

人与人之间的关系需要通过物与物的关系表现出来,并不是只发生在资本主义社会中。人从本质上来说是对象性存在物,离开了一定的对象,人的本质就无从展开和体现。然而,自人类进入资本主义社会以来,资本、商品等等被社会所魔化的物开始成为社会的主宰,而人则沦落为这些物的奴隶。在我们眼前所呈现出的是一张张由物与物的交换关系所结成的利益之网,人与人的感情关系则变得苍白无力。不是人们缺少感情,而是感情失去了正常的表达形式。一旦感情通过物的形式表现出来,人的感情就会发生异化。正如马克思所说:"随着实物世界的涨价,人的世界也正比例地落价。"②当物取得了对人的支配地位时,这个世界就是以物的价值而不是人的价值来衡量的,而人

---

① 《马克思恩格斯全集》(第23卷),第133页。
② [德]马克思:《1844年经济学—哲学手稿》,人民出版社1979年版,第44页。

的价值则要服从于物的价值。

在马克思看来,资本主义商品经济的一个重要特征在于:它造成了人的社会关系的全面异化。它所带来的直接结果是:不是人统治、支配物,相反,是物统治、支配人。这种状况决定了资本主义的生产目的是为生产而生产,为财富而财富。人与人之间的关系只能通过物与物的关系表现出来。正如马克思所说:"有些东西本身并不是商品,例如良心、名誉等等,但是也可以被他们的所有者出卖以换取金钱,并通过它们的价格,取得商品形式。"①人们为了攫取金钱,不惜牺牲自己的良心、名誉。所以人变得微不足道,金钱才是一切。金钱是商品经济社会的最高法则,它没有固定的主人。正因为如此,它才能成为最普遍的准则,并实现着对世界的统治;它才能成为人们竞相追逐的对象,并为之不惜代价。

"物的人格化"和"人格的物化"现象,是人的异化状态的集中体现,是资本主义社会中人格状况的现实写照。它表明:在商品经济的条件下,人受物化的社会关系所左右、支配,人必须服从外在的法则而不是人自身的内在的法则。在这种物的法则下,人愈是追求快乐和幸福就愈是感到痛苦和不幸。

造成这一状况的是资本主义的商品经济本身。因此,要消除这种被颠倒了的关系,就不是靠理论的批判可以做到的,它只有在社会的发展中才能得到实现。当人类的历史发展到超出商品经济的阶段时,个人才能摆脱人格异化的状态,才能保持人格的完整和独立,人才能成为真正的人。所以,马克思只是把资本主义社会中人格的实际状况以经验的方式表现出来,让人们看到这种人格存在的缺陷与不足,并且借助社会的发展去实现人格的完美与和谐。

---

① 《马克思恩格斯全集》(第23卷),第120—121页。

　　由此可见,马克思所描述的资本主义社会的人格异化状态,即"物的人格化"和"人格的物化"是人类历史发展过程中的一种必然表现形式。它的产生有其历史的必然性,而它的灭亡同样需要具备历史的特定条件。只有创造并且具备了这些条件,人的解放才是可能的。也只有在这时,人才拥有自己真正属人的人格,成为真正的人。

第七章 马克思人学视角的历史转换

是主张"个人构成社会"还是"社会构成个人"代表了两条截然不同的人学思路,前者是人本主义的,后者是历史唯物主义的。马克思人学视角的转换,就是从"个人构成社会"的人学思路转向"社会构成个人"的人学思路、从人本主义走向历史唯物主义的过程。通过这一历史性转换,马克思不仅科学地揭示了人的本质,而且指出了一条通过社会说明人和改造人的现实的道路。本章旨在通过对马克思人学视角历史转换过程的深层考察,力图更好地去解读和把握马克思的人学观。

一、个人构成社会

"个人构成社会"是人本主义的人学思路,它是指从孤立的个人出发,把社会仅仅看成单个人的集合体,看不到社会对于人的构成作用。这种人学思路试图通过个人来说明社会,而不是通过社会来说明个人。例如,在费尔巴哈那里就是把人看成是对象性的存在物,而且是天生的类存在物。他把人当成自然存在的人,并且从人的自然性上去寻找人的社会性存在的根据。

在费尔巴哈那里,对动物的本质和对人的本质一样都是通过对象性来加以说明的。在他看来,任何一个实体,无论是动物还是人,都是通过一定的对象来确证自己的存在,这个对象就是它(或他)自己的本质。从这个意义上来说,人和其他动物一样,都是对象性的存在物。他说:"草食动物的对象是植物,而由于这样的对象,这种动物的本质,就与其他肉食动物有所不同。"①同样道理,"如果上帝是——其实必然地并且主要地是——人的对象,那么在这个对象的本质中所表示出来的,只是人自己的本质。……所以上帝本质的特点,就是他不是人以外的其他实体的对象,上帝是一种人类特有的对象,是一种人类的秘密"。② 这样,人与动物的区别只是在于其本质对象性的不同,而在根本上都是通过对象的本质来体现自身的存在。可见,在费尔巴哈那里,人的本质不是通过社会性来表现,而是通过对象性表现的。人通过一定的对象表现自己,同时确证着自己的存在。因此,从这个意义上来说人始终被当成了独立的个体来看。

　　然而,在费尔巴哈看来,人的宗教本质还使人具有了普遍的上帝、神的意识,这表明人还具有"类"或人类总体的观念,而宗教的存在恰恰证明了人是类存在物。只是人的本质之所以以外在于人的上帝的形式表现出来,表明在现实生活中个人丧失了自己的类本质,并与自己的类本质相分离。只有消除了宗教异化,人的本质通过现实的形式而非虚幻的形式表现出来,个人才能恢复和建立属于自己的现实的类生活,并以现实的人的生活代替宗教生活来确证人的类存在。可见,费尔巴哈是在社会之外来说明人的类存在,人天生是具有类本质的类存在物。他没有看到正是由于在生产中人们彼此交往的需要,人们相互之间结成了各式各样的联系或关系,才使人以"类"的形式出现,表现出"类"的本质。在费尔巴哈那里,社会是通过个人来规定和说明的,而不是相反,通过社会来规定和说明个人。

---

① 《欧洲哲学史原著选编》,福建人民出版社 1985 年版,第 712 页。
② 《欧洲哲学史原著选编》,第 712 页。

　　既然费尔巴哈把异化了的人的类意识——上帝当作人的异化本质的体现,他也就顺理成章地把人的真正的类意识的形成当作消除宗教异化、获得真正人的类生活和类本质的前提。而所谓人的真正的类意识是指达到了对"人性的东西"即人的类本质的意识,这种类意识"就是理性、意志、心",①它们分别代表了人类生存的三个基本内容:认识、愿望和爱。其中,与人的类生活直接相关或直接体现为人的类生活的是"爱",因此,只有具有了以"爱"为核心的真正属人的类意识,人才能最终建立起自己现实的类生活。人具有什么样的类意识,就决定了人成为什么样的人。

　　由此可见,费尔巴哈通过对象性来论证人的本质,又从个人的自然的类意识出发去论证人的类本质,并且把它作为人的类本质的根据。既然人天生是类存在物,因此,只要有人的存在,就是以类的形式存在的。而人的自然存在性决定了个人的存在必然是类存在,是人"类"的存在。费尔巴哈这里所讲的"类",就其地位而言相当于"社会"概念,只是与社会概念相比,它更带有自然的色彩。从社会的角度上说,费尔巴哈通过人的类意识来说明人的类本质,实际上就是从人的自然本性上引出人的社会性,即人的类存在性,这样就把人的社会性或人的类存在性当成了人天生的东西,并且由于它是天生的,它还是永恒不变的,而社会本身的成因及本质则被排除在了人的视野之外。所以,从根本上来说,在费尔巴哈那里,从个人的自然存在出发来论证人的类存在或社会存在,"个人构成社会"便被当成了天经地义、不证自明的真理。这样一来,人的类存在或社会存在的本质是在人的自然性上得到说明,而不是相反,通过人的社会性来说明人的本质。归根到底,社会不是作为人的需要而产生的,而仅仅是人的类意识的实现。

----

① 《欧洲哲学史原著选编》,第 700 页。

由于不懂得社会的真正成因,因而费尔巴哈也就无法对个人与社会之间的关系做出合理的解释。

受费尔巴哈人学观的影响,起初马克思也承认人的本质是类本质,人的存在是类存在。在对人的类本质和类存在的论证上,他也是从个人而且是理想化的个人出发的。只是在具体的论证方式上,他与费尔巴哈存在着差异,而论证逻辑也是人本主义的。

前面我们已经说过,费尔巴哈是从人的类意识来论证人的类本质和类存在的,然而与费尔巴哈所不同的是:马克思对人的类本质和类存在的论证运用的则是个人的实践活动。在《1844 年经济学—哲学手稿》一书中,马克思说:"通过实践创造对象世界,即创造无机世界,证明了人是有意识的类存在物,也就是这样一种存在物,它把类看作自己的本质,或者把自身看作类存在物。"①同时他又说:"正是在改造对象世界中,人才真正地证明自己是类存在物。这种生产是人的能动的类生活。"②可见,与费尔巴哈把人的类存在当成是人天生的本性不同,在马克思看来,正是在人的创造对象世界的实践活动中,人才证明自己是类存在物。人的类意识也不应被视为人的自然本性中天生固有的东西,而是需要通过实践加以说明的对象。不过需要指出的是:在这里由此就认定马克思已经科学地揭示了人的实践本质却是不对的。这是因为,马克思这里所讲的实践还是理想化的实践,它是与理想化的个人相对应的。而在现实生活中,马克思认为作为人的实践形式的人的劳动是异化劳动,它恰恰丧失了社会性,使人与自己的类本质相分离。只有扬弃了异化,在理想状态下的人类本真劳动中,人才能重新获得自己的类本质。不过从这里我们也不难看出:虽然马克思用异化劳动代替了费尔巴哈的宗教异化,用理想化的实践代替了人的类

---

① 《马克思恩格斯全集》(第 42 卷),人民出版社 1979 年版,第 96 页。
② 《马克思恩格斯全集》(第 42 卷),第 97 页。

意识来说明人的本质,但是其论证逻辑却与费尔巴哈如出一辙,也是采用了"个人构成社会"的人学视角,把个人作为人学理论的轴心,而没有看到社会对人的本质规定。可见,不彻底跳出费尔巴哈人本主义的逻辑思路,就不可能对人的本质做出科学的说明。

二、社会构成个人

"社会构成个人"是历史唯物主义的人学思路,它是指通过社会说明个人,强调个人的社会存在性。社会不是单个人的集合体,而是人与人之间结成的相互关系。人的本质不是由人的自然性决定的,而是由一定的社会关系决定的。这里的重心在社会,而不在个人。这就为解决人的问题提供了新的视角。

在对人的本质说明上,人本主义的人学视角总是从抽象的个人出发,而且是从自然的人性出发来说明人,把社会始终只是看成个人的社会,而没有看到个人也是社会的个人。历史唯物主义则从现实的个人出发,把个人看成是现实世界中的个人,而人类所生活其中的现实世界首先就是指人类社会历史。在 1845 年春所写的《关于费尔巴哈的提纲》中,马克思开始了由人本主义的人学视角向历史唯物主义的人学视角的转换。

马克思认为,虽然费尔巴哈把宗教世界归结于它的世俗基础,把宗教异化归结为人的本质的异化,但他没有能用这个世俗基础的自我分裂和自我矛盾去说明。原因在于他只诉诸感性的直观,而没有把感性看作实践的、人类感性的活动,因此,他只能从单个人的自然本性出发去抽象出人的本质。与之相反,马克思则在实践(这里的"实践"已不再是指理想化的人类实践,而是指现实的人的感性活动)的基础上,把人的现实生活不是当成孤立的个人生活,而是社会生活;把人的关系不是看作"爱"的关系,而是复杂的社会关系,而人的本质就在这种社会关系上得到体现,并实现于这种社会关系之中。所以,马克思明确指出:"人的本质并不是单个人所固有的抽象物。在其现实性上,它是一切社会关系的总和。"①在这里,尽管马克思并没有详细地说明社会关系如何在人的实践基础上产生并构成人的本质的过程,但是,马克思用人的社会本质代替人的自然本质,用实践去说明人的社会生活,这就不是把人看成是单个的个人,而是社会的个人。个人所处的社会关系,既是在人的实践基础上结成的,反过来又制约、规定着个人,从而构成人的本质。而由于人的社会关系又总是与一定历史阶段上人的实践活动相联系,那么,人的本质就绝不是一种固定不变的、永恒的东西,而是随着实践的发展而变化发展的。这样,马克思就用社会的人代替了费尔巴哈的抽象的人,用人的现实本质代替了人的抽象本质,即"类"——"一种内在的、无声的、把许多个人自然联系起来的普遍性"。② 依据这一人学思路,马克思的人学观就建立在社会历史观的基础上,而社会历史观又建立在实践观的基础上,因而它所指向的就绝不只是对现实的理性批判,而是在改造人的生活世界的同时实现人的改造的现实的历史道路。

当然,马克思的《关于费尔巴哈的提纲》毕竟只是一个供进一步研究用的提纲而已,详细的说明既不是一个提纲的任务,也不是一个提纲所能够胜任的。在随后不久马克思、恩格斯合著的《德意志意识形态》一书中,马克思在《提纲》所确立的基本观点的基础上,对人的社会本质的形成过程进行了全面考察,并展开了对费尔巴哈人本主义人学观的批判,从而确立了历史唯物主义的人学观。

首先,马克思指认了生产活动是人的社会本质形成的前提。马克思认为,现实的个人是历史的现实前提,因而有生命的个人存在是任

---

① 《马克思恩格斯选集》(第1卷),人民出版社1995年版,第56页。
② 《马克思恩格斯选集》(第1卷),第56页。

何人类历史的第一个前提,人类的第一个历史活动就是从事物质资料的生产。在生产过程中,个人不仅与自然结成一定的关系,而且彼此之间还形成一定的交往关系,在此基础上还形成了其他社会关系和政治关系。这些社会关系一旦建立就不以人的意志为转移,反过来又规定、制约着个人,人的本质就在这些社会关系上得以展现。马克思说:"个人怎样表现自己的生活,他们自己就是怎样。因此,他们是什么样的,这同他们的生产是一致的——既和他们生产什么一致,又和他们怎样生产一致。因而,个人是什么样的,这取决于他们进行生产的物质条件。"①这就是说:一方面马克思始终把人的生活与人的生产联系在一起,把人放在一定的社会历史条件中去考察,他眼里的人都是处在一定的物质条件下并受一定的物质条件制约的现实的人;另一方面由于社会历史条件不是固定不变的,而是在人的生产活动中历史地变化着的,因此,人始终是生活着的个人,是从事生产活动并且随着生产活动的改变而改变着自身的人。这样,人是现实的人,同时也就是历史的人。从现实的历史的人出发,就必须在人的感性的历史活动中去理解人的本质,人的本质也会随着人的感性的历史活动而变化,并且在历史中走向与人的存在的内在统一。

其次,马克思对费尔巴哈的人本主义的出发点进行了批判。费尔巴哈人本主义的出发点也是人,但是他眼里的人不是现实的历史的人,而是被他从社会生活中剥离出来的孤立的抽象的人。从抽象的人出发,人所生活其中的社会历史就被撇在了一边,剩下的就只能是普遍的、无差别的人类本性。所以,马克思说:"费尔巴哈设定的是'一般人',而不是'现实的历史的人'。"②费尔巴哈只把注意力放在了处在不同历史条件下的人都是"人"这个表面的共同性上,并且试图寻找适用

---

① 《马克思恩格斯选集》(第1卷),第67—68页。
② 《马克思恩格斯选集》(第1卷),第75页。

于一切历史条件下的人所"共通"的本质。而正因为它是共通的,所以它还必须是固定不变的、永恒的。而在现实生活中,人都是具体的人,"'一般人'实际上是'德国人'"。①

由于脱离了一定的社会历史条件,把人的本质看成是普遍的、永恒的人类本性,因此,费尔巴哈一遇到现实问题便感到束手无策。马克思说:"当他看到的是大批患瘰疬病的、积劳成疾的和患肺痨的穷苦人而不是健康人的时候,他便不得不求助于'最高的直观'和观念上的'类的平等化'。"②就在费尔巴哈处处对现实感到无能为力的地方,马克思却从人的社会本质出发,提出通过人的社会历史条件的改变来实现对人的改造。人不仅应该有属于他们自己的本质,而且可以通过现实改造的途径获得自己的本质。

最后,马克思还揭示了费尔巴哈人本主义的错误根源。马克思认为,造成费尔巴哈人本主义错误的根源在于:费尔巴哈从唯物主义的立场出发承认存在的东西,而且在物的存在之外还看到了人的存在,但是他却没有能够注意到人的存在与物的存在的区别,因此他直观地认为:"某物或某人的存在同时也就是某物或某人的本质,一个动物或一个人的生存条件,生活方式和活动,就是使这个动物或这个人的'本质'感到满意的东西。任何例外在这里都被肯定地看作是不幸的偶然事件,是不能改变的反常现象。"③就动物而言,它的本质就是它的自然本质,因此它的存在通常与它的本质直接统一的。如鱼的存在是水,所以水就是鱼的本质,只要有水存在,鱼就获得了自己存在的本质。但即便如此,马克思认为,在现代工业社会中,水也有被污染的时候,这时水的存在就不再是鱼的本质了。只是对于鱼来说,它自身无力改

---

①　《马克思恩格斯选集》(第1卷),第75页。
②　《马克思恩格斯选集》(第1卷),第78页。
③　《马克思恩格斯选集》(第1卷),第97页。

变自己的命运,任何与它的本质相脱离的存在就意味着不存在,意味着死亡。然而,对于动物来说不能改变的,不等于对于人来说也无法改变。这是因为人的本质与动物的本质不同,动物的本质只能是自然本质,而人的本质在历史的特定阶段上则体现为社会本质;动物的命运是由其自然性决定的,而人的命运则是由社会性决定的。因此,当人的存在与人的本质不相符合时,人们就不是平心静气地去忍受这种不幸,而是通过革命实践实现对社会关系的改造来使自己的存在与本质协调起来。费尔巴哈没有注意到人的本质与动物的本质的根本差异,他直观地把人的本质也理解为自然本质,把人的存在和人的本质看成是直接统一的,这就既不能够正确地说明人,更不能够改造人。

由此可见,如果说在《关于费尔巴哈的提纲》中,马克思还只是初步地提出了历史唯物主义的人学观的话,那么,在《德意志意识形态》中,马克思则对历史唯物主义的人学观作了系统阐述,详细论证了"社会构成人"的人学思路。接下来马克思又沿着这条逻辑思路对蒲鲁东的错误观点进行了批判,从而进一步发挥了他的历史唯物主义的人学观。

1847年,马克思在《哲学的贫困》一书中,针对蒲鲁东在人与社会的关系问题上的错误观点,对人的本质又做了进一步的阐明。马克思认为蒲鲁东把社会人格化了,他使社会变成了作为"人"的社会,它独立于个人而存在,具有自己的理性,并与组成它的个人毫无关系。马克思则指出:"人们按照自己的物质生产的发展建立相应的关系,……"①而"每一个社会中的生产关系都形成一个统一的整体"。② 这种社会关系是随着生产方式的改变而改变的,而生产方式的改变又随着新生产力的获得而改变。马克思特别强调"社会是个人的交互关系

---

① 《马克思恩格斯全集》(第1卷),人民出版社1979年版,第144页。
② 《马克思恩格斯全集》(第1卷),第144页。

的整体,它绝不是与个人无关,而是个人之间相互作用的结果。一旦社会作为一个统一的整体存在,处在一定社会中的个人就必然具有社会性的规定。个人不能自由地支配社会,社会却总是处处规定着个人。因此,一方面社会不能脱离个人而存在,它是在个人的交互作用中产生的;另一方面个人也不能脱离社会,他要通过社会并在社会中才能存在。这两者统一的基础是人类的社会实践,即人的感性活动。蒲鲁东不懂得实践以及实践对于人的存在的意义,所以,他既不能正确地看待个人与社会的关系,也不能科学地揭示人的本质。

在《1857—1858 年经济学手稿》中,马克思对蒲鲁东的错误观点再一次进行了批判,明确提出了"社会不是由个人构成"的观点,并且表达了"社会构成个人"的思想。蒲鲁东认为"对社会来说,资本和产品之间的区别是不存在的。这种区别完全是主观的,只是对个人来说才是存在的"。① 针对蒲鲁东的这一观点,马克思则提出"社会不是由个人构成,而是表示这些个人彼此发生的那些联系和关系的总和,[蒲鲁东的说法]就像下面的说法一样:从社会的角度来看,并不存在奴隶和公民;两者都是人。其实正相反,在社会之外他们才是人。成为奴隶或成为公民,这是社会的规定,是人和人或 A 和 B 的关系。A 作为人并不是奴隶。他在社会里并通过社会才成为奴隶"。② 在这里,马克思不是把社会当成是一个集合概念,不是把它看成是单纯的个人的集合体,而是个人在生产活动的基础上,在人的现实生活过程中结成的各种联系和关系的复合体。因此,社会在本质上不是个人的总称,而是各种联系和关系的总和;不是个人自然本质的抽象,而是人的社会本质的体现。这些特定的社会联系和关系规定着人的存在,构成了特定社会中的特定个人的本质。个人不能自由地去选择社会关系,社会

①　《马克思恩格斯全集》(第 46 卷·上),人民出版社 1979 年版,第 220 页。
②　《马克思恩格斯全集》(第 46 卷·上),第 220 页。

关系却时时制约着个人,成为个人的本质规定性。正因为如此,马克思才说奴隶不是天生的奴隶,在其自然性上他们与公民一样,两者都是人。只是"在社会里并通过社会",他们才成为奴隶。如果社会关系不改变,奴隶就摆脱不了作为奴隶的命运。由此可见,不是"个人构成社会",社会不能在个人的意义上被理解,而是"社会构成个人",个人只有在社会的意义上才能被理解;不是个人规定社会,而是社会规定个人。这样一来,对于个人来说,无论是对个人的说明还是改造都不能孤立地进行,而是要诉诸社会。由于蒲鲁东既不懂得从社会关系上去把握社会,更不懂得从人的社会性出发去考察人的本质。所以,他既不了解社会,也不了解个人,最终只能导致抽象的人性论。

综上所述,马克思最初受费尔巴哈人本主义的影响,他对人的本质的说明也同费尔巴哈一样,遵循的是"个人构成社会"的人学思路。从《关于费尔巴哈的提纲》开始,马克思通过对费尔巴哈以及后来对蒲鲁东的批判,逐渐形成了一条"社会构成个人"的人学思路。前者是从人的自然本性出发,把个人的存在与个人的本质看成是直接统一的,它所指向的是对现实的理性批判,试图通过个人的改造来实现社会的改造;后者是从人的社会本质出发,把个人的存在和个人的本质看成是既对立又统一的,它所指向的是通过对社会的改造实现对人的改造。从这个意义上说,马克思人学视角的历史转换的真正意蕴就在于向我们展示了一条通过社会说明人,并且通过社会改造人的现实的、历史的人类解放之路,最终实现人的存在与人的本质的真正统一。

第八章　经济行为中人的理性行为假设

西方主流经济学通常把经济活动中人的理性行为理解为自利最大化,这一观点很大程度上源于对斯密思想的误解。人的理性行为不仅包含自利的愿望,而且包含他利的要求。这是现代经济的必然准则。如果说在商品经济发展之初,自利的倾向更占上风的话,那么,在现代经济中,自利利他结合的要求则更为迫切。而在我国当代经济发展过程中,如何成功地实现自利利他的结合,保持经济增长的高效率是我们必须面对的重要课题。

一、经济活动中人的理性行为

作为理性的存在物,人的行为从一开始就被认为是在理性的假设下进行的。经济行为作为人类的基本行为活动之一,同样带有经济学家的理性行为的假设前提。

在市场经济条件下,为了保证市场经济的有效运行以及获得更多的经济效益,理性的计较是不可避免的。但也由此带来一个问题:同样出于理性的计较,处于经济活动中的个人如何才能做到自利利他的结合? 亚当·斯密(Adam Smith,1723—1790)为了解决这一问题,提出了"理性经济人"的假设。尽管人们过多地把眼光放在斯密的两本重要著作,即《道德情操论》和《国民财富的性质和原因研究》的形式矛盾上,认为前者注重的是人的良心和同情,而后者注重的是人的自爱和自利,并由此提出了所谓的"亚当·斯密问题",但"亚当·斯密问题"从根本上来说不过是思想家们头脑中的未解难题,即如何在经济活动中处理好自利利他关系问题的反映。实际上,在斯密那里为了确保市场经济的良性循环,他对经济人还赋予了同情心、能很好处理自利利他关系的规定。斯密从来没有把经济行为看成是纯自利的行为,相反,在他看来,即使从形式上来说任何人的经济行为也都带有利他的性质,即实质利己,形式利他。出于纯粹自利的打算,也要以满足他人的需要作为前提。他说"我们:每天所需要的食物和饮料,不是出自屠户、酿酒家和面包师的恩惠,而是出于他们自己的打算。我们不说唤起他们利他心的话,而说唤起他们利己心的话,我们不说我们自己需要,而说对他们有好处"。① 这实际上为人在经济活动中自利利他的结合提供了可能。事实上,在经济活动过程中,人们的自利动机总是会受到他人的同样动机和行为的矫正,区别只是在于人们是自觉还是不自觉地去面对自利利他的关系问题。

由于对斯密的误解或曲解,长期以来,西方主流经济学一直把经济中的理性行为(rational behaviour)等同于要求个人选择的内部一致性或自利最大化。所谓"选择的内部一致性"是指个人在经济活动中保持思想和行为的一致,从而做出明智的选择。所谓"自利最大化"是指个人最大程度地追求自身利益以满足自我的需要。然而,人们是否能够做到保持选择的内部一致性,不仅取决于我们对这些选择的理解,而且取决于这些选择的外部条件。相比较而言,后者是更重要的。因此,依靠理性能否保持"选择的内部一致性"本身就是值得怀疑的。而虽然对理性计较的自利解释一直是主流经济学的核心特征,但在

----

① [英]亚当·斯密:《国富论》,郭大力、王亚南译,商务印书馆 1972 年版,第 14页。

1998年经济学诺贝尔奖获得者阿马蒂亚·森（Amartya Sen，1933—）看来，如果说除了自利最大化以外的其他任何行为都一定是非理性的，是很少有人能接受的。因为理由很简单：为什么一个人只有追求自己的个人利益并拒绝除此之外的其他任何东西才是唯一的有理性呢？阿马蒂亚·森认为：把所有人都自私看成是现实的可能是一个错误；但把所有人都自私看成是理性的要求则非常愚蠢。说人们总是现实地追求他们的自利最大化要比说理性要求追求利益最大化要少一些荒谬。在这里阿马蒂亚·森试图把人们实际对自利最大化的追求与"理性要求追求利益最大化"区别开来。对于人的理性来说，自利不是人的唯一目的，相反，在人的理性计较中还必须有对社会以及他人的利益问题的考虑。而在现实的经济活动中，人们则往往不顾一切地去追求个人利益的最大化，而忽视了人的理性其他方面的要求。可见"自利最大化"与理性之间，并不能够划等号。在经济行为中，人的理性行为不只是追求个人利益，不顾社会及他人利益，而是只有在同时考虑社会以及他人的利益时才是合理的。

如果把人的理性行为仅仅理解成对个人利益的考虑，理解成如何实现个人利益的最大化，这只能说明社会历史发展的不充分或人的理性行为的不成熟。不过，阿马蒂亚·森似乎没有去考虑这样一种可能，即对个人利益最大化的追求未必就必然导致对伦理道德的背离，尽管它常常由于人们的误解而实际导致这种背离。即使个人在理性指导下从自利的目的出发确立了利益最大化的追求，如果能够采取合理合法的手段和途径去达到这一目的，则这种行为本身也具有存在的合理性；只是在采取非法的手段时才是不合理的。只不过以往人们在现实生活中，往往通过合理合法的途径很难达到利益最大化，这才使得很多人铤而走险，去非法地获得利益，因而必然使得人们对利益最大化提出疑问。然而，在现代社会中，利用合理合法的途径获得利益最大化的可能性在不断增加,这也就不排除自利而又能够利他的双赢的可能。从目前的实际状况来看,我们不可能要求经济人放弃自利来实现利他,但是要求经济人在自利的同时能够兼顾利他却是越来越具有可能性和可行性。

阿马蒂亚·森认为,正是经济学家对人的理性行为所做的自利最大化的解释要为在现代经济学中出现的经济学与伦理学的分离负责任。他说:"在现代经济学的发展中,对亚当·斯密关于人类行为动机与市场复杂性的曲解,以及对他关于道德情操与伦理分析的忽视,恰好与在现代经济学发展中所出现的经济学与伦理学之间的分离相吻合。"①在阿马蒂亚·森看来,没有证据表明自利最大化是对人类实际行为的最好近似,也没有证据表明自利最大化必然导致最优的经济条件。他举例说:在自由市场经济中,日本以规则为基础的行为,系统地偏离了自利行为的方向——责任、荣誉和信誉——都是取得个人和集体成就的极为重要的因素。对伦理道德的考量看起来与个人的自利目的相背离,但实际上却是能够实现自利利他的更好的途径。即使是从自利的角度上看,其不可预期的巨大回报也越来越引起了经营者的重视,并开始在现代经济运行过程中被日益广泛地运用。可见,自利是市场经济的法则,但不是唯一的法则,即使在资本主义早期,虽然人们对自利从排斥到认同,但对于纯粹的自利行为仍然深恶痛绝,对"有限"的自利才持接受态度。这一点在我国目前的市场经济建设过程中也可以找到佐证,即虽然我们很难避免在经济活动中坑蒙拐骗、假冒伪劣等纯自利行为的出现,但是人们对这些行为本身却普遍持否定态度,它们并没有也不可能有合法的地位和获得一般性的认同。

阿马蒂亚·森还认为,如果我们正确理解了亚当·斯密,那么,无

---

① [印度]阿马蒂亚·森:《伦理学与经济学》,王宇译,商务印书馆 2001 年版,第 32 页。

论是在伦理学,还是在经济中都不会出现对自利行为的狭隘解释,以及对这一解释的支持和倡导。他承认:正如亚当·斯密所看到的,也是任何一个人都能看到的那样,我们大多数人的行为的确是受自利引导的,其中一些行为也的确产生了好的效果。但他同时又在发问"一个值得研究并具有教育意义的问题是,在拥护亚当·斯密关于自利以及自利成就的经济学家们的著作中,亚当·斯密所倡导的'精明'(包括'自制')之外的'同情心'为什么不见了呢?"[①]对于一个美好的社会来说,不是仅有自爱或广义解释的精明就足够了。人们对自利行为的辩护总是具有特定的时代背景,即使是亚当·斯密也没有在他的任何一部著作中赋予个人自利的追求以一般意义上的优势。可见,一方面在经济行为中自利最大化的追求不是人们理性的最好选择,或者说即使要实现个人自利最大化,它也不是通过个人纯粹自利的行为,而只有在自利利他的前提下,才有可能达到自利的最大化。自利最大化只有在人们利他的行为中才能够实现;另一方面在理论上要消除经济学与伦理学的对立和分离,至少不应持续目前的排斥和分离的局面。

　　由于人们实际上对自利的偏好,也就乐于对斯密进行曲解。理论家对斯密的曲解倒并不可怕,真正可怕的是大众对斯密的曲解,并把这种被曲解的东西视若神明、顶礼膜拜,去为自己不义的行为进行辩护。阿马蒂亚·森认为"如果对亚当·斯密的著作进行系统的、无偏见的阅读与理解,自利行为的信奉者和鼓吹者是无法从那里找到依据的。实际上,道德哲学家和先驱经济学家们并没有提倡一种精神分裂式的生活,是现代经济学把亚当·斯密关于人类行为的看法狭隘化了,从而铸就了当代经济理论上的一个主要缺陷,经济学的贫困化主要是由于经济学与伦理学的分离而造成的"。[②] 但是,我们又不得不正

---

① ［印度］阿马蒂亚·森:《伦理学与经济学》,第28页。
② ［印度］阿马蒂亚·森:《伦理学与经济学》,第32页。

视由于人的自利性而无形当中增加的经济学与伦理学之间彼此结合的难度。然而,我们又不能因为这种难度而放弃双方结合的努力,因为毕竟以自利为出发点而又自觉或不自觉地纵容自利的经济学理论不是好理论。当历史能够为我们提供更为合理的历史课题的解答时,理论上的退缩就是一种对实际的背叛了。以上我们着重结合阿马蒂亚·森的论述对人的理性行为做了分析。在这里,阿马蒂亚·森的理解未必完全正确,但是阿马蒂亚·森的这一理解以及当代西方经济学中日益加入的对伦理学的关注却意味着:我们今天生活的这个时代是一个经济学与伦理学结合的时代,而不应再是一个分离的时代。或者说,今天的时代是一个经济学与伦理学分离时代的结束,结合时代的开始。经济学与伦理学的结合要求我们在经济行为中必须在自利利他之间求得平衡,这样才能使个人自身利益的获得与社会利益、他人利益之间保持协调性和合理性。现代经济的准则应该也必须是:经济的高效率不是由纯粹的个人自利带来的,而是由自利利他结合的科学性及合理性造成的。

二、理性行为的有效规范

应该承认,经济活动中理性行为是必须的。然而,这种理性行为不应为个人的斤斤计较、自私自利做辩护,而应理解为对经济人的经济行为的理智的选择和与社会目的的自觉的一致性。个人理性行为所应保持的正是这样的一致性,社会所赞同的个人的理性行为也应是这样的理性行为。尽管在西方主流经济学中,追求自利最大化的理性行为假设是标准行为假设,而且不乏支持者。但是,人类的行为不能只是自利的,即使是动机也是如此。在人类的经济活动中,人类行为比起在其他领域的活动往往会带有更多的自利色彩,但是,自利最大化至多也只能看成是一种纯粹理性假设,是在排除了其他社会因素的前提下所做的一种理论假设。它既不可能完全符合社会的实际状况，也不能真正得以运用和实现。

我们知道，在亚当·斯密的理性经济人假设中，人们的自利动机就受着"看不见的手"的调节，理性经济人就是对这种调节的自觉。理性经济人并不是盲目地追求自己的利益，相反，他要达到对自利动机与可能性结果之间的一致。"理性的狡计"不应只是对个人自利的计较，而更应是对实现自利过程中所运用的方式和手段的权衡和明智选择，说到底也就是对自利利他关系的合理调节。因为只有在自利利他的合理关系下，人类的理性才能体现出对于经济活动过程的合法性介入，而不是粗暴的入侵。只有这样，在人类理性的光辉照耀下，人性之光也才不会暗淡无光。

然而，这里还有一个问题是：是否只有自利的动机才能产生利己的结果？或者说利己结果只能由自利动机所产生？事实上，在现实生活中，纯粹的自利动机是不可能真正得以实现的。即使人们是从纯粹的自利动机出发的，他们的行为也必须受社会各种因素的制约和影响，受到实际生活过程的矫正。人们不可能按照自己的意愿随心所欲地去支配自己的行为，而是必须在尊重他人、服从社会规则的前提下去协调自己与他人、个人与社会之间的关系。

在现代社会中，有越来越多的证据表明：在经济活动中，伦理道德的作用已经引起了人们日益广泛的关注和思考。例如在日本，人们的责任感、忠诚和友善就在经济发展过程中发挥了重要作用。而这一切从表面上看偏离自利行为的伦理考虑，恰恰成就了日本工业成功的神话。当然，从根本上来说，在日本的经济活动过程中对伦理道德的运用也是出于自利的动机，是一种"伪善"，它是服从于资本家发财致富的动机和欲望的。恩格斯在晚年就曾经不仅发现了这一新现象，而且做了一定的阐述。恩格斯注意到随着资本主义的进一步发展，商业资本家也有了一定的商业道德,大工业也有了一定的道德准则。但是,他又同时指出:这种变化不是资本家发善心,而是资本家为了获得更多的财富。恩格斯在谈到资本家在资本主义早期发展阶段上使用的哄骗和欺诈的手段时说:"的确,这些狡猾手腕在大市场上已经不合算了,那里时间就是金钱,那里商业道德必然发展到一定的水平,其所以如此,纯粹为了节约时间和劳动。"①在谈到资本主义大工业和大市场的发展时,他又说"与这样的发展同时,大工业看起来也有了某些道德准则。工厂靠着对工人进行琐细偷窃的办法来互相竞争已经不合算了。事业的发展已经不允许再使用这些低劣的谋取金钱的手段;这些手段对拥有百万的工厂主来说已毫无意义,……"②可见,在恩格斯的眼里,一方面在商业活动和生产活动中能否运用道德因素要取决于资本主义自身的发展状况。在资本主义早期发展阶段上,资本家往往不注重运用道德的手段,而是使用了哄骗和欺诈等不道德的手段大肆进行资本的原始积累;而随着资本主义的发展,道德因素的作用日显重要,它已经成为工厂之间进行竞争的新的手段和方法;另一方面资本家是否运用道德的手段是一回事,这种道德是否真实是另一回事。在资本主义的发展过程中,资本家确实越来越重视道德因素在经济活动中的作用,但是,由于资本主义制度本身的局限,所以,道德不过是充当了资本家剥削的手段,即发挥了资本的功能。资本家运用这种手段的技巧越娴熟、越持久,他所获得的利益也就越多,他离真实的道德也就越远。从这个意义上来说,资本家运用还是不运用道德手段,不是取决于他们的道德善心,而是取决于发财致富的需要,取决于在一定历史发展阶段上如何获得更多的利润。而只要道德还是服从于追逐利益的需要时,它就不可能摆脱伪善的命运。

---

① 《马克思恩格斯全集》(第 22 卷),人民出版社 1972 年版,第 312 页。
② 《马克思恩格斯全集》(第 22 卷),第 312—313 页。

不过应当承认的是：资本家能够在生产过程中遵循一定的道德准则，毕竟对于工人阶级来说是一件好事，而且这也是社会进步和文明的表现。在今天的资本主义社会中，资本家越来越重视道德在经济过程中的作用，并且对工人采取越来越人道的做法。尽管这种道德手段的运用并不代表资本主义的生产就是道德的，而只是说明随着历史的发展资本家在剥削的方式和手段上发生了变化。这意味着在资本主义发展的新阶段上，资本家直接用哄骗和欺诈的手段已很难奏效。道德因素在经济活动过程中的有效运用就成为资本家发财致富的一种新手段。而就整个资本主义的经济以及社会制度而言，由于私有制以及剥削现象的存在依然是不道德的，是不符合人的本性要求的。自利无论如何不可能成为人类行为的唯一动机，哪怕一个人再自私、再为个人考虑。在人的实际行为一再受挫时，人们就不得不去考虑自己的动机问题，由社会效果来实现对自我动机的矫正。当然，人的动机是由个人产生的，并且实现着对自己行为的支配。但是，人类行为的结果是否能够达到与动机的一致，在其实现过程中就不可能受自我的任意支配，它要受到社会诸多因素的制约。人的动机只有在与社会现实的要求相契合时才有可能实现，而不是相反。因此，不是社会迎合个人的动机，而是个人的动机要适应社会。从这个意义上来说，社会肩负着规范、调节、引导个人行为的责任和义务。当一个社会在整个社会层面上呈现出较高的社会文明程度，具有明确的价值取向和理想信念时，那么，不仅对个人的行为提出了具体的价值要求，而且无形当中迫使个人行为尤其是经济行为符合社会的准则和规范。人的经济行为不仅本身没有自我辩护性，无法取得伦理道德上的豁免权，相反，正因为人的经济行为触及到了人的根本经济利益，它更需要得到伦理道德上的保障和支持。即使在经济活动中，人们的行为也不可能只是按照唯一的自利的方式行事。而实际上，如果这样去做也不可能取得成功。正如阿马蒂亚·森所说:"在讨论自利行为问题时,区分以下两个不同性质的问题是非常重要的,第一,人们的实际行为是否唯一地按照自利的方式行事;第二,如果人们唯一地按照自利的方式行事,他们能否取得某种特定意义上的成功,比如这样一种或者那样的效率。"①

由此可见,对在经济活动中人的理性行为的确认有两个基本的视角:一是从个人的角度,把人的理性行为理解成自利最大化;一是从社会角度,把人的理性行为理解成对个人动机与社会规范之间的自觉。当然,我们在这里并不想讨论社会规范本身会存在什么样的问题,以及这些问题又如何会影响到个人动机的确立以及行为方式的选择。我们在这里着重关注的是:这两种视角到底哪一种更符合实际的状况和现实的要求?哪一种更有利于个人利益与社会利益的一致?这无论对于个人还是社会来说都是至关重要的。不可否认,在资本主义早期发展阶段上,人们在经济活动中的理性行为确实更多地体现在个人对自利的计较。而随着社会的发展以及人类历史的进一步展开,对社会其他因素的考虑必须予以加强。对人的理性行为的理解也应随着历史的发展而变化发展。在现代社会中,对自利的接受和宽容,是由社会历史发展的阶段性以及由此所造成的历史的局限性所决定的,而不是意味着社会对自利的纵容。社会有责任引导人们走向一个经济效益与互惠互爱共进的轨道。如果说这是一个理念问题,那么,这就是一个最为重要的理念。而一切与之相悖离的理念都要受到它的拷问。然而,它更是一个现实问题,是一个关系到人类自身发展以及社会发展的现实问题。从社会来说,对人的理性行为不仅做出合理的解释,而且做出合理的规范和引导,是现代社会必须承担的责任,也

①　[印度]阿马蒂亚·森:《伦理学与经济学》,第32页。

是现代社会的重要特征。而从个人来说,实现对自利利他关系上的自觉,通过合理合法的途径来达到个人的自利,是社会文明在个人身上的必然体现。只有把两者很好地结合起来,才能减少个人利益与社会利益之间的冲突,尽可能地避免由这一冲突所带来的经济效益的损失以及谋求效率与公平、公正的最佳结合。

从我国目前的实际状况来看,正确理解经济活动中人的理性行为尤为重要。因为经济始终是人的经济,利益也始终是人的利益,处在一定经济关系中的个人,不可能没有经济利益的计较,但也不应该缺失伦理道德的规范。相反,在社会主义的经济条件下,不仅有自利利他结合的更高要求,而且也具有两者结合的更为有利的条件。从根本上来说,经济增长的方式不是取决于人们的任意选择,而是历史的使然。虽然我们不能够一劳永逸地找到解决问题的因应之策,但我们毕竟可以从西方经济发展的既往历程以及经济学家的理性思考中获得有益的启示。而只有从我国目前的客观实际出发,我们才能尽可能地找到解决问题的最佳办法。这也为我们留下了巨大的理论发展的空间和可能。

第九章　21世纪希望的进步

　　20世纪接连发生的两次世界大战将人类带入一个绝望的低谷,因此,不仅产生了直觉主义、人格主义的悲观主义,而且产生了科学主义的悲观主义,西方社会陷入了深深的文化危机之中。为此有人预言人类将要毁灭于第三次世界大战,毁灭于不可控制的科学技术。当然乐观主义者并不赞同这种悲观主义的声音。在他们看来,21世纪人类希望的进步将会一扫20世纪由无数次战争和恐怖活动带来的绝望和阴暗,坚信人类从来都在进行着希望与绝望的斗争,而且人类在不同的时期具有不同的希望,特别是现实历史的变化不仅驱使着人类经验世界的变化,也驱使着人类希望在不断变化。因而希望的变化总是反映时代的变化,并必定带来变化的希望——一种新的、更高的希望。新的希望必须建立在新的时代根基上,它的实现或幻灭总是与历史的沉浮密不可分。从这个意义上说,只有把握历史才能拥有希望;只有顺应历史发展的进程,才能实现希望。

一、存在和生存的希望

　　人类需要希望,没有希望就没有人的存在。人的存在就其时间本性而言就是未来,就是希望,就是理智的规划和筹谋,就是思维的设计和理想。希望不只是能够激起人们的创造力和想象力,让人们在平淡的生活中点燃起热情,鼓起生活更大的勇气,而且能够极大地发挥自己的聪明才智,以一种积极昂扬、令人振奋的精神去面对生活的风雨和引领生活的未来。正因为如此,在人类历史上许多思想家都对希望抱有极大的关注。例如尼采(Friedrich Wilhelm Nietzsche,1944—1900)在回答是什么造成英雄的伟大时回答说:去同时面对人类最大的痛苦和最高的希望。因为只有面对最大的痛苦才能最为勇敢和坚定,而面对人类最高的希望才能担当人类最为崇高的使命。当尼采回答你还喜欢别的什么时,他说:我的希望。[①] 许多伟大的思想家都把眼光不是放在经验世界而是未来的希望上,因为他们相信引领人类前进而且能够给人类带来生机和活力的正是人类的希望。即使在希望中人类经历了太多的幻灭沉浮,但是,这并没有阻挡人类对未来的追求和信心。人们只要不陷入绝望,就总会有希望;而只要有希望,就会拥有未来。

人类的希望与人的时间性的存在直接关联。在海德格尔(Martin Heidegger,1889—1976)对存在意义的追问中,他不仅通过时间性阐述了人的"此在",而且解说了时间之为存在问题的超越境域,说明了人类同时也是指向未来的"能在"。他把将来、曾在、当前等现象称作人的存在的时间性的绽出,而在这当中"将来"具有优先地位。他说:"在历数诸绽出的时候,我们总是首先提到将来。这就是要提示:将来在源始而本真的时间性的绽出的统一性中拥有优先地位,……"[②]因为这直接牵涉到人类将"如何是"的问题。人类"如何是"源出于人类"是如何",但同时又指向更新的存在。既然如此,则作为人类未来直接指向的人类希望对于人类的存在来说就是必须的,在一定意义上来

---

① 参[德]尼采:《快乐的科学》,余鸿荣译,中国和平出版社 1986 年版,第 180 页。
② [德]海德格尔:《存在与时间》,陈嘉映、王庆节合译,生活·读书·新知三联书店 1987 年版,第 390 页。

说存在即希望。在人类时间性的存在中,此在与将来、现实与希望是统一的,共同构成人类生存的境域——现实境域与希望境域。正因为如此,希望直接是个人的,人们既生活于经验世界,也生活于希望世界,并在希望中实现着自己的超越性的存在。

在谈论希望问题时,我们还不能不提到早期西方马克思主义的一位重要人物恩斯特·布洛赫(Ernst Bloch, 1885—1977)。布洛赫曾就希望问题写成了三卷本的《希望原理》一书。人们今天将《希望原理》(Das Prinzip Hoffnung,又译《希望的法则》)称之为"人类希望的大百科全书",布洛赫的哲学思想也因此书而获得"希望哲学"(Utopische Philosophie,又译"乌托邦哲学")的称号。

布洛赫很早就为自己设定了一个用乌托邦哲学"补充"马克思主义的任务。他认为,这是一个如何解决面包与小提琴关系的问题。在其早期著作《乌托邦精神》中,他反对庸俗的经济决定论,提出人不能仅靠面包生活,人还应该有灵魂和信仰,即"小提琴"。为此他试图往马克思主义里加入基督教神秘主义的成分,以补救一种在他看来排斥了梦想和乌托邦的"可悲而粗鄙的无神论"。由于布洛赫希望哲学所带有的神学色彩,自20世纪60年代起,他的思想还通过德国莫尔特曼等一批基督教神学家在基督教神学界复活了。莫尔特曼在1964年出版了《希望神学》一书,在该书中他宣称在基督教神学中只有一个真正的问题:未来的问题,希望而非绝望——绝望即罪——才是属人的真正美德。而基督教就是希望。

布洛赫的乌托邦哲学所面对的是现代人的根本困境,即人的乌托邦精神的萎缩。布洛赫把这理解为西方文化危机的实质,认为西方的文化正因此而走向死亡。他认为,西方文化危机根源于犹太—基督教传统的世俗化以及人的存在的超越维度的丧失。因此,他的乌托邦哲学既是对现存世界的批判,又是对现代西方世界的两大精神支撑,即理性主义哲学和理性主义的基督教神学的批判。他主张走出这一危机的出路就在于唤醒人的乌托邦精神,重现人的存在的超越维度。只有在对乌托邦的未来的希望中,才能体现我们超越死亡和历史的终结的超越性的存在。

在布洛赫那里,他把希望看成是哲学的根本问题,认为只要人还活着,也就在希望着。人类所具有的最重要的人类学核心特征就在于希望,对更好的生活的向往是人类历史发展的首要驱动力。布洛赫从绘画、雕塑、建筑、音乐、诗歌,到童话、电影、旅游、时装、橱窗陈列、舞蹈;从宗教、神话、文学,到节日、假期、集市等等不同方面的人类现象论证了这一中心命题。布洛赫证明,这些现象都是人类希望在社会与政治关系中的各种表达形式。希望总是对一种尚未实现、尚未成为现实的东西的期待。布洛赫认为,只要乌托邦还是一种尚未实现的存在(Noch-nicht-Sein),那么希望就构成人类历史发展的不变本质。只有当乌托邦不再是虚无时,真正的人类历史才能开始。而人类最根本的希望是与物质欲望密切相关的,希望的满足又与物质利益的满足紧密联系在一起。

在时隔二十年之后,汉斯·约纳斯(Hans Jonas,1903—1993)的《责任原理》一书对《希望原理》提出了挑战。约纳斯认为,布洛赫的希望原理在今天看来只能是一种可望而不可及的乌托邦式目标,因为实现这个目标的前提从两方面看都不存在:一方面,从主观上或从人的本性上说,人的希望是无限的,也就是说,人的物质利益是永远无法得到完全满足的,它是一个无限大;另一方面,从客观上或从自然的本性上说,我们只有一个地球,最大限度实现人类希望的物质条件不存在。因此,通过希望的满足来建立真正的人,这一想法既不具备主观可能性,也不具备客观可能性。在约纳斯看来,人应当“根据责任的原理而不是根据利益的压迫”来改变自己的种类。因此,建立在人类利益满足基础上的希望原理不应成为新伦理学的准则，只有责任的原理——对自己负责、对子孙后代负责、对他人负责、对自然负责，才能成为新伦理学的准则。约纳斯的《责任原理》让我们从另一个方面意识到人类在满足自己的希望时，不能随心所欲、不择手段，而且还要具有责任意识。这实际上是对希望哲学的一个补正。

希望既是个人的，同时也是社会、国家的一种重要的道德情感，它的缺失会颠覆个人乃至整个社会生活，而它的存在也必定会将我们引向一个更安宁、更新、更美好的将来。没有一个个人或者是社会国家能够离开对未来的希望，当一幅有关未来的画卷展现在我们面前的时候，这便是一种重要的道德情感，它驱策着我们（无论是个人还是社会）以全部的热情去描绘这幅图画。在希望中，人类的理智和情感、理想和现实融为一体，成为一种无形的力量，给予个人和社会以巨大的推动。希望的导引与经验相比，有时所发挥的作用甚至更大。经验只是让我们立足于现在，而希望则引领我们走向未来。当然，个人和社会对未来是否抱有希望，与个人和社会是否有希望是两回事。对未来抱有希望，对人类的未来来说是至关重要的，但是，一方面这不应是一种盲目的热情和信念，另一方面这也不等于是希望的实现。只有在经验和未来之间建立起合理的关系，希望的实现才是可能的。这对于社会形态来说尤其如此。正如马克思在《政治经济学批判》序言中所说："无论哪一个社会形态，在它所能容纳的全部生产力发挥出来以前，是决不会灭亡的；而新的更高的生产关系，在它的物质存在条件在旧社会的胎胞里成熟以前，是决不会出现的。所以人类始终只提出自己能够解决的任务，因为只要仔细考察就可以发现，任务本身，只有在解决它的物质条件已经存在或者至少是在生成中的时候，才会产生。"[①]同

---

① 《马克思恩格斯选集》（第2卷），人民出版社1995年版，第33页。

样,人类始终也只能提出切近的希望。其根基越牢,准备条件越充分,希望也就越大。

人类的希望与人类的事业是息息相关的。在人类所从事的事业中,有一些事业是直接指向未来的,它甚至本身就是一项希望的事业,如教育。教育的目的不只是在于让学生掌握知识,更在于运用掌握的知识将来服务于社会。在人类的社会生活中,希望的事业是一个不可或缺并且需要我们越来越引起重视的领域。人类不仅要善于经营经验的事业,而且要善于经营希望的事业。在对希望的事业的经营中,人类才能看到更大的希望。如果我们的事业仅仅局限在经验的范围内,只注重经验的事业的经营,那么,我们可能不仅不能拥有现在,更会失去未来。

社会越开放,人类越是能够对未来充满信心和希望,相反,一个封闭、自我的社会必将为悲观失望所侵扰。在希望的引领下,人类才能努力前行,寻找和开拓新路并且勇敢坚定地走下去。就目前来看,我们所处的正是一个开放式的世界,因此,我们处在一个充满希望的时代,并且这种希望是有根基的,也就是说在事实与希望之间我们可以建立起适当的联系,将两者紧紧地结合在一起。

由上可知,在对希望的谈论中,首先,我们要明确自己到底想做什么和不想做什么以及能做什么和不能做什么,从而为希望寻找确实的根基;其次,我们要认清自己在世界中的处境和地位,对自己的未来做一个明智的选择;第三,我们还要对希望进行合理的设计,使合理的希望成为联结现实与未来之间的桥梁。

然而,希望的建立即使有合理的基础,但也可能因为思想的设计而变得不切实际。因为从现实到希望之间经历了思想的创造,因而它有可能在增添了思想的能动性的同时而丢失了现实的具体性。更何况希望所根植的世界和知识、价值本身并不是一成不变的,没有一种恒久的世界和知识、价值能够成为我们希望的源泉,尽管世界的希望在于希望的世界的实现,但是希望本身必须也是能够进步和革新的。这就是说,我们不仅要革新我们生活的经验基础,而且要革新我们的希望。一个陈旧的希望也许就不再是希望,甚至它不但不是希望而且成为新希望的绊脚石。历史既给了我们创造历史的机会,也给了我们创造历史的希望。如果我们抓住了这个机会,我们就可以实现我们的愿望,并且带来更大的希望。而倘若我们没有能够抓住机会,希望就会破灭,更不用说带来新希望。

二、个人希望和社会希望

从希望的主体角度,我们可以把希望分成个人希望和社会希望。但由于人与社会的内在关联性,这使得它们两者之间又有着整体的相互作用的联系。个人希望通常关注的是个人未来的生活层面,这对于个人来说是举足轻重的,而对于他人来说也是必须尊重的,如个人对工作的期望、对爱的渴求以及对美好生活的向往等等。社会希望关注的则是未来的社会生活层面,它超出了个体的眼界而在更为广阔的范围上去看待社会的未来,例如在人与自然的关系上期待着重建和谐,在人与人的关系上期待着公平、公正和正义的实现等等。

社会希望可以从已有的社会基础上生发出来,但这并不意味着以往的社会基础越厚,其希望就越大。一种社会希望的大小,不仅取决于社会基础的厚薄,而且取决于人们对社会因素的重视程度和调节能力。例如,就我国目前的现状来看,在经济上展示了未来发展的广阔前景,而在道德上却面临着极其严峻的挑战,诸多社会问题的暴露都表明人们在道德情感和认知上的迷乱。这就不仅要加强个人对社会的认同感,而且要提高个人适应和调节社会各因素的能力,从而增强抵御道德风险的力度以及提升社会道德的希望。

　　在今天的现代社会里，一种新的社会希望的形成可以说是必须的，没有这种希望，就没有共同的价值取向，社会的发展就在一种左右摇摆或者相互抵消之中失去动力，因而最终失去希望。这样来看社会希望就不仅仅是一种对社会的信心问题，也不仅仅是一种对社会的认知问题，而是代表了社会的未来以及对社会发展前景的展望。一方面人类的社会生活需要有希望的支撑，另一方面人类的思想能够使人产生希望。正是因为有了思想的能力，人类才能够超出经验世界的局限而去构建未来世界。即使从人类精神的角度来说，我们的思维本身也在期待着进步。无论是个人希望还是社会希望的形成都离不开人类精神自身的追求。可见，希望是人对限适性的一种超拔，是人类对经验世界的不满足而产生的现实的超越。如果说动物只是活在当下，并被限制在此时此刻，那么，人类则通过自己的思想拓展到过去和未来，希望便是这种拓展的表现之一。希望产生于现在，却指向未来，它是在人们对过去和未来的沉思中呈现的。共享的社会希望的形成，是基于对共享的社会未来的期待，没有这种期待则这种希望本身便失去了意义和价值，这种目标和目的性某种程度上又加强了社会希望的力量。

　　正如前面已经说过，尽管个人希望和社会希望由于立足点的不同而存在着差异，但它们仍然有着共同的、一致的基础。这是因为无论是个人希望还是社会希望，都是在现有的社会历史环境中生发的，因此，在社会希望中应包含着对个人希望的尊重，而在个人希望中也应包含着对社会未来的责任。

　　除了把希望分成个人希望和社会希望之外，我们还可以把希望分成大希望和小希望、好希望和坏希望、短期希望和长期希望等等。但不管怎样，希望都是指向未来的，只要我们好好把握，我们就能够拥有一个灿烂的未来。

人类对希望的执着和坚定可以从西西弗的神化中可见一斑。西西弗明明知道他从山下向山顶推动的巨石还会滚下来,但是,他在每一次滚动巨石时总是抱着滚上山顶的希望。就这样他一次次地失望,又一次次地希望。只要他不死,他的希望就依然存在。在加缪(Albert Camus,1913—1960)看来,西西弗的命运是属于他的,他的岩石是他的事情,他是幸福的。而对于荒谬的人(他无法摆脱自身的荒谬)来说,其命运和西西弗的极其相似,因而对于荒谬而又具有希望的人来说也应该是幸福的。[①] 然而在叔本华(Arthur Schopenh auer,1788—1860)那里希望却被看成是把渴望某一事情的发生混淆成认为这一事情很有可能发生,他把这称之为"心的愚蠢",并且认为一桩不给我们留下任何希望的不幸就像即时毙命的一击,而希望不断破灭、不断重生酷似凌迟处死。[②] 但是,人类即使不能在希望中获得永生,至少也不应在绝望中沉沦。或许我们对未来的希望过高,甚至被它所蒙蔽,但是,希望所给予我们的却是信心和对未来的渴望,这种信心和渴望则会成为我们行动的动力和前进的勇气。

当然,人的希望也可能在一种突发的事件中遭到毁灭性的打击,如美国的9·11事件,但是生活还得继续,必须重塑希望,才能给未来的世界和生活注入新的活力和热情,重新点燃生活的希望是每一个经历了这一可怕事件的人必须面对的事实。如果只是一味地躲在绝望背后偷偷一遍遍地舔舐自己的伤口,那么我们永远只能忍受孤独和不幸;或者反过来得出人生虚妄的结论,以一种及时行乐的方式来对待自己今后的人生,这同样会对生活产生毁灭性的伤害。当然这种心理的阴影是难以挥去的,但鉴于人生的短暂,我们不可能有过多的时间

---

① 参加缪:《西西弗的神话》,杜小真译,陕西师范大学出版社2003年版,第147—148页。

② 参《叔本华思想随笔》,韦启昌译,上海人民出版社2005年版,第100页。

去重温旧梦,更不能够因此失去对生活已经确立的信念。我们已经失去了过去,不能再失去现在和将来。然而,这种影响又是深远的,它的消除远不像我们说的那样简单。这种影响已经形成,而且必将继续影响着人们的未来生活。纯粹的理论即使句句真理也未必能够引起人们的关注或信奉,而残酷的现实却让人们仿佛一夜之间突然清醒,再也不能安心入睡。人们不再有梦想,只想清静地、平平安安地过完自己的一生。

不过,对未来的希望不应破坏我们现时的欢乐——现实性的快乐时刻,同时我们也不应为过去希望的落空而苦恼。当人们原有的生活希望破灭时,最重要的是重新树立生活的信心,并且产生新的希望。当我们对未来还没有升起足够的希望时,我们常常对未来的前景感到焦躁不安,人类对未来的迷茫和失望是造成生活失败和人生失落的重要原因。我们只有认清自己的现状,才能发现人生的矛盾,并且努力从焦躁不安中拯救出来,这是自我实现的必要方式。有希望的渴求,就要有承受失望的勇气。布洛赫在图宾根大学哲学系的首次讲座中曾经说到:希望会变成失望吗?当然会!而且会变成那样深痛的失望!可见,问题不在于我们会不会失望,而是在于我们不能失去对未来的信心,只有在新的希望中,我们才能看到未来更加美好的广阔前景。

三、人类希望

如果我们把社会的希望不是仅仅局限在民族的范围内,而是看作对个人、群体、国家、民族和种族的超越,那么,我们还有必要提出另一种希望,即人类的共同希望。今天我们处在一个相互影响、相互依赖和共同发展的世界,也是一个考验我们相互合作、协调和共荣能力的世界,面对人类越来越恶劣的环境和生存危机,我们必须复活和实现共享的人类希望,为人类确立新的目标,并且创造一个新的充满希望的世界。因此,维护一个人类共享的希望就是不可缺少的。一种跨文化的、全球共享的希望的出现,必将会为人类未来的发展指明出路。人类的共同希望必须建立在人类对于自身的共同性的认识基点上,而这恰恰又是最难以做到的。作为一个客观存在的实体,人类个体总是生活在一定的文化背景下,因而就无法避免民族文化的局限,这就难免会造成对普遍信念的伤害或是疏忽。因此,我们今天对于不同民族的希望必须予以足够的关注和尊重,同时也要防止因本民族的利益而损害其他民族以及人类的共同利益。不同民族的希望会相互地影响和作用,同时也会相互地制约。最为重要的是:当一个民族在试图实现自己的社会希望时,必须考虑到其他民族的社会希望和社会需要。对于其他民族来说,他们同样有着出于本民族的利益考虑的自身的社会希望,这种希望会因各民族的特点而异,但是,他们都应得到尊重而不是被忽视。在对待民族希望问题上,任何种族中心主义的做法都必然会遭致失败。只有在不同民族的彼此尊重和相互理解中,人类的共同希望才能够不断升腾。

当然也会存在着这样的可能,即只是相信本民族的振兴和希望,而对人类共享的希望则不抱有希望。这是完全可以理解的情绪。因为对本民族的希望多少还带有民族主义的情感,而对人类共享的希望则去除了主观性的干扰,面对多元化的和复杂多变的世界,结果就可能造成人们对人类未来的失望和担忧。不可否认的是:人类未来的前景确实令人堪忧,但这却不足以成为我们对未来失望的理由。如果我们不对人类的未来抱有希望,那么,我们就会执着于已有的信念,强调现实的、确定的一切,完全生活在经验之中,我们自己也就堵塞了通向人类未来的道路。如果说人类目前面临着诸多的困境,那么,就更需要我们携起手来共创人类美好的未来。

虽然人类实现希望的道路是艰辛的，但人类的希望却是可以累加的。在我们持续不断的努力下，希望也在一天天增加，希望的目标也在一天天接近。直到有一天，当我们为希望的实现准备了足够的条件时，希望就会变成现实，既会推进个人和社会的发展，又会给我们的心灵带来满足和惊喜。不过，在希望的实现过程中，也可能出现希望减弱的现象。在这种情况下，我们是否坚持不仅要看我们自身的意志力，更重要的是要弄清希望是否有足够的根基，希望本身是否需要校正。如果希望的方向是正确的，那就要看我们采取的方法是否得当，行动中是否出了偏差等等。

希望总是指向未来的，因此人类不能没有梦想。梦想不应是美好生活的障碍，而是实现美好生活的动力。当然，人类为了确立新的希望，就必须弄清塑造未来的选择和行动到底基于什么。这也许对希望来说是最为关键的。任何具有确定性的希望都是建立在现实的基础上的，换句话说，只有建立在现实根基上的希望才具有希望。人类只能希望能够希望的东西，而不能陷入不切实际的空想。同时，也不能够因为希望而掩饰现实的矛盾，在我们能够正视现实的矛盾冲突以前，希望是不可能出现的。我们既不能够借口为了未来而牺牲现在，也不能够及时行乐而放弃未来。

希望既是人类对于现实的一种抗争，同时也是人类对未来的一种愿景。人类一旦有了希望，就不会仅仅停留在经验的世界中，而是走向未来。人类正是在希望的引领下一步步向着自己的目标前进，同时实现对现实世界以及人类自身此在生存的超越。当一个新的希望出现时，我们必须确立新的目标，做出新的选择，运用新的方法，采取新的行动，而不是为希望而希望，沉陷在空洞的希望实现的幻想和喜悦之中不可自拔。未来目标的实现不是依赖希望本身，而是借助于实现希望的行动，只有在行动中希望才能成为希望，否则所获得的就只能是失望。所以,希望应成为发展的动力,而不是成为自我麻痹的工具。等待是永远没有希望的,等待只会使已经出现的希望悄悄溜走,使已有的希望破灭。

总之,人类的进步不仅表现在物质财富的增加,而且表现在希望的进步。人们总是不满足于现状,在已有的经验基础上展望新的未来。尤其是在 21 世纪的今天,社会的发展越来越呈现出蓬勃向上的趋势,个人也对未来越来越充满信心,这就使希望的事业会越来越兴旺,并在希望的引领下走向新的未来。

唯有追求才能带来希望,而唯有行动才能实现希望,让我们共同期待和努力!

实践篇

第十章　社会转型中的人格转型

我国目前正处在社会的转型时期,这在客观上为个人的自我塑造提供了较大的可塑性空间。与社会的变化相一致,个人的变化也具有转型期的特点。这集中表现在人们原有的人格支点发生了动摇,与新时期相适应的新型人格正在生成。新、旧人格的变化、碰撞给个人人格带来了前所未有的挑战。能否有效地确立新型人格,既是实现人的现代化的主要标志,同时也是社会现代化的重要表现。

一、人格转型与社会转型

人格问题起初是被当作一个心理学的问题提出来的,尽管人们对它的定义不一,但是它的基本含义是指人的内在的心理组织和结构,是个人相对稳定的、持久的心理特征的总和。主要包括个人的能力、气质、兴趣、爱好等等。人格虽然与个人直接相连,但它却只能在社会中才能形成。一旦脱离了社会,个人就无法形成自我人格。而反过来,个人自我人格的形成,又会对社会的稳固和发展起到重要作用。所谓人格转型,是相对于社会转型而言的,它是指从旧人格向新人格的转变,具体来说,是指我国由过去的伦理型人格向现代法制型人格的转变。

人格转型的必然性是由社会转型的必然性决定的。首先,在人类历史上,社会的转型具有客观必然性。按照马克思的看法,从人们之间社会联系的演变和个性发展的角度,全部人类历史可以划分成三大形态:一是人对人的依赖时期,这是"自然的社会形态";二是人对物的依赖时期,这是"经济的社会形态";三是自由个性时期,这是"自主的社会形态"。人类目前已经和正在经历的是前两个时期,这两大历史时期分别以伦理型社会和法制型社会的样态表现出来。所谓伦理型社会,是指社会带有强烈的伦理化特征和表现样态的社会形态。在伦理型社会中,人与人之间的相互关系主要表现为伦理道德上的依赖关系,它的调节也主要是依靠伦理道德的杠杆。在前资本主义社会的各个社会形态,尤其是封建社会,都属于伦理型社会的范围。所谓法制型社会,是指社会带有强烈的法制化特征和表现样态的社会形态。在法制型社会中,人与人之间的相互关系主要表现为法律上的独立关系,它的调节也主要是依靠法律法规的杠杆。法制型社会以资本主义社会为典型代表,我国目前也正走向法制化的轨道。从传统的农业文明向现代工业文明、从自然经济向商品经济的转变,是实现由伦理型社会向法制型社会转变的现实基础。只要人类不停止生产,社会还在进步、发展,社会的转型就是历史的必然。人类已经经历的历史就为我们提供了最好的证明。其次,社会的转型必然带来人格的转型。人与社会的关系绝不是一种静态的关系,而是一种动态的变化过程。作为社会中的个人来说,社会变迁对个人的触动,最终既要通过人格的变迁固定下来,又要通过人格的变迁来实现。20 世纪最杰出的精神分析学者弗罗姆在分析中世纪末和近代初的欧洲文化之间的关系时指出:"在这一时期,西方社会的经济基础发生了剧烈的变革,同时,人的人格结构也随之发生了同样剧烈的变革。"[①]在弗罗姆看来,正是一种

---

① [德]埃里希·弗罗姆:《逃避自由》,陈学明译,工人出版社 1987 年版,第 56—57 页。

新的社会制度,尤其是社会的经济制度,塑造出了这一社会中的一种新的人格结构和人格精神。可见,一种新人格的形成,实际上是社会变迁对个人的心理影响长期积淀的结果。在社会变迁的前提下,个人人格的变迁只是迟早要发生的事。

在我国目前,人格转型不仅是必然的,而且是必要的。人格转型的必要性主要表现在两个方面:一方面就社会而言,社会的转型要通过人格转型来体现。社会的现代化需要有相应的人的现代化,而人的现代化的重要标志就是人格的现代化。在实现社会转型的同时,只有实现人格的转型,才能造就现代条件下的现代个人,从而使社会的发展与个人的发展相一致;另一方面就个人而言,在实现社会转型的同时,如果不能实现人格的转型,个人就无法与社会融合和适应,最终就会落后于社会甚至会被社会所淘汰。如果人格转型问题处理得不好,就不仅会影响到个人的发展,而且会影响到社会的发展,对个人以及社会的发展产生不利的影响。在我国当前社会的转型时期,个人就应当自觉地调适自己的心态,增强人格转型意识,把个人融入社会的发展之中,促进社会的发展,最终达到个人发展与社会发展的统一。

从内容上看,人格转型是指从旧人格范型向新人格范型的转变。所谓旧人格,即伦理型人格,是指以伦理道德为支点的人格类型。伦理人格形成的社会基础是以自然经济为主体的伦理型社会。在伦理社会中,人们之间的关系普遍表现为伦理关系,伦理道德是调节人们之间关系的主要手段,整个社会呈现出一种感性的宗法特征。具有伦理人格的个人往往把伦理道德奉为个人最高的行为准则和价值目标,把伦理道德作为处理各种社会关系的立足点,并且具有强烈的伦理道德观念和意识。在伦理社会中,人与人的关系是以人对人的依赖关系为基础的。人们长期处在这种依赖关系中,在行为和观念上就不可避免地受其制约,带有强烈的人伦化的色彩。表现在人格塑造上也是以伦理道德作为个人的价值取向,从而最为深刻地反映出个人的伦理生存样态。

所谓新人格,即法制型人格,是指以法律法规为支点的人格类型。形成法制人格的社会基础是以商品经济为主体的法制型社会。在法制社会中,人们之间的关系普遍表现为法律关系,法律法规成为调节社会生活的主要手段,整个社会呈现出一种理性的规范特征。具有法制人格的个人往往把法律法规奉为个人最高的行为准则和价值目标,并作为处理各种社会关系的立足点,具有强烈的法律观念和意识。在法制社会中,人对人的依赖关系被人对物的依赖关系所取代。人与人之间不再是一种直接的人身依赖关系,而是通过物所表现的关系。这就使得对物的规定与对人的规定一样成为必要,而对物的规定间接地也是对人的规定。以人对物的依赖关系为基础,社会的人伦化的色彩就趋于淡薄,以法律法规为保障的理性的秩序和规范成为市场经济有效运作的基本前提。

新、旧人格的转型,是社会转型的必然结果。人格作为个人生存样态的直接反映,在不同的社会中具有不同的表现。这是因为每一个社会形态都需要锻造与之相应的人类个体,因而具有不同的人格预期和要求。这样,在不同的社会环境和背景下,就会造就不同的个人,具有不同的人格特征。在一个伦理化的社会中,造就的就是伦理型人格的个人;而在一个法制化的社会中,造就的则是法制化的个人。我们在区分不同社会的同时,也要区分不同社会中的个人。而不同社会中的个人,归根结底是具有不同人格的个人。在一个特定的社会形态中,人格往往具有相对稳定的社会特征。在我国长期的封建社会中,由于自给自足的自然经济限制了人们活动和交往的范围,人们彼此之间发生的亲情和邻里关系就显得朴素和简单,不具有强烈的对抗力度。这使得伦理道德在人们的社会生活中发挥了最大和最有效的调节作用,法律法规相对于伦理道德来说只是一种补充。社会对人的规范和要求以及个人对人格的期望和追寻,也都以伦理道德为核心。在中国传统文化中,无论是儒家的圣人精神、佛家的佛性,还是道家的随顺自然,我们都可以感受到伦理道德至高无上的威权和地位。在封建的伦理社会中,人们违反道德,某种程度上比触犯法律更不能为人们所容忍。因此,伦理化的社会所造就的也必然是伦理化的人格。在一个伦理化的社会中,我们很难想象一个人能逃离伦理道德的约束。只要伦理社会的性质不改变,个人就必然具有伦理人格的社会特征。然而,这并不意味着在同一个社会中每个人的人格都是相同的。人格除了具有社会性特征之外,表现在不同个体身上,还会带有不同的个性特征。个体人格是社会性和自我个性的结合,一方面人的个性只有在统一的社会性基础上才能得到体现,另一方面人格的社会性在不同个体身上的表现又因人而异,各不相同。人们借助自己不同的个性来表现一定的社会内容,就使得个人散发出不同的人格魅力。

使一个社会的人格特征发生根本变化的是社会经济形态的改变。在人类历史上,由自给自足的自然经济向市场经济的转接,曾经是实现人类社会生活根本变化的决定性因素。市场经济的确立,使商品生产和交换成为普遍的社会性活动。人们的活动不再是狭隘的、地域性的农业生产和手工业活动,而是广阔的、流动的商品生产和交换活动。人们彼此之间的关系也不再是朴素的、自然的关系,而是在商品生产和交换中结成的生产和交往关系。正是由于人们活动范围的扩大和交往关系的复杂,人们彼此间的社会关系的对抗力度大大加强,才使得原先由伦理道德调整的社会,转向由法律法规来调整,从而使公正、平等的要求在现代社会中凸现出来。而在传统社会中,宽容、诚信的人伦要求才是最为重要和根本的。在今天的现代社会中,我们仍然看到:越是落后的地方,宗法势力就越强盛,伦理道德的制约就越明显,法制意识也就越淡薄。

所以,社会以伦理的样态,还是以法制的样态出现,或者说是伦理社会,还是法制社会,不是取决于人们的理性选择,而是取决于人们实践活动的改变。在伦理社会中不是不要公正、平等,而是宽容基础上的公正,诚信基础上的平等;在法制社会中也不是不要宽容、诚信,而是公正基础上的宽容,平等基础上的诚信。由于伦理社会与法制社会的调节机制不同,也就形成了相应的不同人格。伦理社会形成的是伦理人格,法制社会形成的是法制人格。而造成社会样态和人格差异的根源则是人类实践活动的不同。正如马克思所说:"环境的改变和人的活动或自我改变的一致,只能被看作是并合理地理解为革命的实践。"①就我国的社会状况而言,长期以来一直是处在感性化的封建伦理社会。新中国建立以后,虽然社会的政治制度发生了根本改变,但是伦理社会的面貌并没有彻底改观。这是因为我国的社会主义经济依然是以农业经济为主,商品经济不仅没有发展起来,而且受到了计划的极大限制。所以伦理道德还是维系社会生活的主要手段,法律法规与伦理道德相比只是起到了一种辅助作用,社会主义道德建设也远比社会主义法制建设更加完备和自觉。改革开放以来,我国开始进入社会的转型时期,这不仅是由旧的计划经济向新的市场经济的转变时期,而且是旧人格向新人格的转变时期。随着社会由伦理社会向法制社会的转型,个人人格也由伦理人格向法制人格转型。

二、人格现状及其发展

我国目前正处在社会的转型时期,在这期间,一方面社会生活发生着急剧的变化,社会的法制化建设不断加强;另一方面个人也受着

---

① 《马克思恩格斯选集》(第 1 卷),人民出版社 1995 年版,第 55 页。

巨大的心理冲击和影响,面临着新的挑战和选择。在通向理性化的法制社会的过程中,由于社会的不断重组和整合,所以无论是实践层面,还是在心理层面,都给个人留下了较大的活动空间和场所。在这一时期,个体人格的分化也表现得十分明显。有人固守原有的人格阵地,仍然坚持以伦理道德的绝对标准行事;有人则犹像不决,在新、旧人格之间摇摆不定;也有人自觉或不自觉地形成了新型人格意识,开始接受并且转向新型人格。由于人格的多元化,人们在社会交往过程中,既造成了心理上的巨大反差,又带来了许多经济利益问题上的纠纷。这说明人们在人格塑造上尚不够成熟,这种人格上的不成熟,是由社会的不成熟造成的,反映了社会转型期人格的复杂状况。

我国目前人格的多元化倾向,是人格转型过程中的一个必经阶段,它是由多方面的原因所造成的。概括起来,主要有:

第一,市场经济不成熟。这是最为根本的原因。市场经济的成熟,是以公正、平等原则的确立为标志的。在公正、平等原则成为社会的普遍法则之前,人们无论是在行为,还是在思想上都很难摆脱伦理道德的约制。这当然不是说在成熟的市场经济中伦理道德将不再起作用,而是说不再起主要作用。相对于法律法规而言,它只能起辅助作用。正如同在传统社会中,相对于伦理道德而言,法律法规只起辅助作用一样。我们不能去抽象地谈论伦理道德的作用大,还是法律法规的作用大。伦理道德与法律法规作用的大小,只有放在特定社会历史的发展中去比较才有意义。只要尽快使市场经济成熟起来,公正、平等就必将成为我国现代社会的一个基本特征。体现公正、平等原则的法制人格也必将代替体现伦理道德原则的伦理人格,成为社会的主流人格。

第二,法律、法规不健全。法律法规健全与否取决于市场的要求,市场调节的需要是法律法规健全的直接动力。由于我国目前市场经济尚不成熟,法制建设也正在进行之中,所以,在现实生活中,人们有时在需要法律法规的地方还不得不借助伦理道德的调整,因而对伦理道德和法律法规在社会中各自的地位和作用认识模糊,看不到法律法规在社会生活调节中的主体趋向。表现在人格定位上,就显得犹豫不决,缺乏信心。随着社会主义市场经济的逐渐成熟,法制建设的加强,法律法规也必将日益健全,社会的理性化和法制化特征将日趋明显,新型的法制人格的趋势也就会越来越确定。

第三,农业经济的性质没有根本改观。到目前为止,虽然社会主义现代化建设已经取得了巨大成就,但是还没有从根本上改变我国农业经济的性质。这不仅表现在农业人口的数量上,而且表现在农业在我国国民经济中的基础地位上。农业经济的性质决定了在我国的一个较长的历史时期内,伦理道德在维系社会生活方面仍将起着重要的作用。然而,随着我国社会主义市场经济体制的逐步建立,原有的农业经济的性质正在慢慢发生改变,由此决定了伦理道德的作用也在发生变化。在社会的转型时期,不仅是传统社会与现代社会的全面碰撞,而且是伦理人格与法制人格的全面碰撞。我国的社会主义现代化进程,同时也是社会的法治化进程。与社会的发展相适应,人的发展也必将体现现代化和法制化的特征,并最终通过法制人格对伦理人格的转接来实现。

第四,旧有的伦理道德情结。在我国长期的封建社会中,伦理道德对于社会的稳定曾经起到过极其重要的作用。新中国成立以后,在社会主义改造和社会主义建设中,社会主义道德也曾经起到过非常重要的作用。这使得人们在市场经济的初始阶段很容易把法制问题当成是伦理问题,或者是用伦理来代替法制。原本应该由法制解决的问题,却被看成是道德的退步或败坏,并且寄希望于伦理道德上的解决。实际上,人们的伦理道德观念不是太弱了,而是太强了,以至于不能正视法制在市场经济中应有的作用。因此,不破除旧有的伦理道德情结,人们就不能认清伦理道德的地位,使法律法规的作用得到充分发挥。

第五,新人格正在生成之中。我国目前的新人格还不够成熟,旧人格还有相当大的力量阻碍新人格的生长。加上转型时期社会以及人们心态的不稳,人们在人格上的差异也就在所难免。随着社会主义市场经济体制的逐渐建立,法律法规的健全,社会主义法制社会对人的规范和要求将越来越被人们理解和接受。在人格塑造上,人们也必将达成共识,在新人格中体现法制化的特征。

认清我国当前的人格状况,并不等于说我国的人格现状能够马上得到彻底改观,而是说通过对社会转型的自觉,个体应当顺应社会历史发展的趋势,自觉调适自己的心态,加强人格转型的自我意识,充分发挥自己的积极性和创造性,从而促进社会主义市场经济的发展,使个人的发展与社会的发展趋于同步。由于造成我国目前人格状况的原因很多,因此,实现人格转型也需要各方面因素的综合作用。

首先,加快社会主义市场经济建设。我国目前个人人格上的悸动,客观上是由社会主义市场经济造成的。而且今后人格的发展走向,也是由市场经济的发展状况决定的。只有大力加强社会主义市场经济建设,建立成熟的市场经济型态,才能使个体的人格定位趋于稳定,形成与社会主义市场经济要求相适应的人格型式。

其次,加强社会主义法制化建设。转型期是社会的不稳定时期,同时又是社会发展的必经时期。在这一阶段上,一方面人们原有的伦理道德观念受到了冲击,开始意识到社会所发生的一些新变化;另一方面人们又习惯于从伦理道德层面上来看待和解决问题,对法制在社会中的地位和作用认识不足。因此,只有加快社会主义法制化建设,使法律法规日趋健全和完善,使社会尽快纳入法制化轨道,进入良性循环阶段,才能逐渐减少以至消除转型期社会出现的一些不良现象,使我国顺利实现由伦理社会向法制社会的转接,使社会成为真正的法治社会。

再次,正确估价伦理道德的作用。伦理道德在不同的社会中都发挥着作用,但是它们的作用又是极不相同的。在人类原初时代,原始的伦理道德是维系人类群体生活的唯一手段,氏族首领只是依靠自己的威信、威望来行使职权。从奴隶社会到封建社会,在自给自足的自然经济条件下,皇帝的威权是至高无上的权力,伦理道德在社会生活中发挥着主要作用,但法律作为伦理道德的补充在维护社会稳定方面也起着重要作用。到了资本主义社会,随着商品经济的建立,法律代替伦理道德成为调节社会生活的主要杠杆,伦理道德则在维持社会的公正、平等方面起着辅助作用。可见,只有对伦理道德在不同社会历史时期的地位和作用作出正确估价,我们才能处理好各种错综复杂的社会关系。同样,只有认清伦理道德在我国目前的实际状况,我们才能自觉地推进社会主义法制化进程,更好、更有效地发挥伦理道德在社会主义市场经济建设中的作用。如果仍然固守原有的伦理道德的心理地盘,不顾人的实践活动以及社会生活所发生的变化,非但不能使伦理道德充分发挥作用,反而会阻碍了我国社会主义法制化的进程,也妨碍了新型的法制人格的形成。

最后,强化人格转型意识。在我国目前的转型时期,人们虽然已经具备了一定的社会转型意识,但是人格转型意识还很淡薄。究其原因:社会的转型比较直接、明显,人们容易感受;人格转型却不很明显,人们不易察觉。即使在社会转型期中,个人意识到了自身的转变,也往往被看成是观念的变化,而很少上升到人格转型的高度。实际上,社会转型对人的影响绝不只是观念的触动,而是人格的根本转变。只有人格的转型,才能适应社会转型的要求,促进社会的发展。

　　综上所述,顺应社会发展的趋势,强化人格转型意识,增强人格转型的自觉性,就成为转型时期个人发展的一项重要内容,也是社会发展的一项重要任务。

第十一章　人的现代化的关键：人格转型

我国目前正处在社会的转型时期,这不仅意味着我国由传统的计划经济向市场经济的转变,而且更为重要的是:由于社会主义市场经济的逐步建立和完善,我国也在实现着由传统社会向现代社会的转变。这就使得社会的现代化以及人的现代化的问题突出起来。因此,从社会发展的角度,研究人的现代化问题,在当前就具有十分重要的现实意义和理论意义。

一、社会现代化与人的现代化

众所周知,"现代化"是当代一个极其重要的社会学范畴。从时间跨度上看,现代化是指同中世纪相比较而言的在现时代所发生的社会以及人的根本性的变化。它既包括由农业社会向工业社会过渡的过程,又包括落后国家赶超先进国家的过程。从内容上看,现代化是一个总体概念,它包括社会经济、政治、思想、生活方式的现代化以及人的现代化等诸多方面。所谓社会的现代化就是指社会生产方式以及人的社会生活方式的全面改革、生活水平的提高和政治生活的民主化、法制化。所谓人的现代化是指人的素质、行为方式以及观念和思维方式的现代化。它通过人的独立性、自主性的增强、主体意识的形成以及思维方式的多元化等方面体现出来。

　　社会的现代化和人的现代化之间有着不可分割的联系，一方面社会的现代化是人的现代化的必要前提。个人始终是社会中的个人，个人的发展是在社会的发展中实现的。要完成个人的改造和转变，就必须实现社会的改造和转变。只有社会才能为个人创造和提供发展的条件。因此，只有在现代化的社会中，才能造就现代化的个人。在马克思看来，不仅人的本质"在其现实性上，它是一切社会关系的总和"，①而且"只有在社会中，人的自然的存在对他说来才是他的人的存在"。② 离开了社会，人就变得无法理解，人的变化发展也就变得不可能；另一方面人的现代化又是社会现代化的重要标志。每一个时代、每一个社会，都要塑造适合一定时代、一定社会的个人。社会是由个人组成的社会，在个人没有实现现代化之前，社会也就无法实现现代化。而个人的塑造，又要通过人格的塑造表现出来。精神分析学者弗罗姆则明确提出：社会与人的关联集中体现在人格的形成与变迁上。弗罗姆正确地看到了人所具有的社会性的特质，并且他认为社会对人的影响和塑造最终都要通过个人人格表现出来。在《逃避自由》一书中，弗罗姆对比了封建制下的劳动、印第安部落的劳动以及资本主义社会的劳动等不同的社会劳动，指出："这些不同种类的劳动，需要有完全不同的人格特质，并且也造成了不同种类的人际关系。人一出世，舞台已在等待着他。"③人们必须劳动，这始终是人类生存和发展的基础。而人们必须在特定的环境下，按照他所出生于其中的某一种社会已为他决定了的那种方式劳动。在社会劳动的基础上形成的个人生活方式，正如它是由经济制度的性质所决定的一样，也成了决定他

---

①　《马克思恩格斯选集》（第1卷），人民出版社1995年版，第60页。
②　《马克思恩格斯全集》（第42卷），人民出版社1979年版，第12页。
③　［德］埃里希·弗罗姆：《逃避自由》，陈学明译，工人出版社1987年版，第32页。

整个性格结构的基本因素。从根本上说,个人的人格是由特定的生活方式所塑造出来的。因此,不同的社会、不同的人类社会生活方式,就会造就不同的人格。如果说由传统社会向现代社会的转变是人类从农业社会转向工业社会的一种必然,那么,在社会的转变过程中并伴随着社会的转变,人类由传统人格向现代人格的转变也是社会发展的必然结果。经济基础的剧烈变革,必然带来的是人格结构的剧烈变革。

从现代化本身的含义来看,它首先是指由农业社会向工业社会转变的过程。因此,在现当代,一个落后的国家要想达到或超越先进的国家,就必须建立在由农业社会向工业社会转变的基础上。从这个意义上说,农业社会向工业社会的转变,是人类社会由传统走向现代的根本性转变。同时,它也是人自身由传统走向现代、由传统人格走向现代人格的决定性环节。由于受一定的社会历史条件的制约,所以尽管个体人格千差万别,但是,就总体而言,它具有与当时的社会需要相符合的一致性。一般说来,在一个农业社会中造就的往往是伦理人格,而在一个工业社会中造就的则是法制人格。在农业社会中,人们受地域的限制,彼此之间的交往十分有限,主要限于宗亲邻里之间。而且在自给自足的自然经济的条件下,人们的交往也较少具有经济利益的冲突和敌对,人与人的关系不具有强烈的对抗力度。这样,具有浓烈的伦理道德色彩的宗法势力就必然强盛起来。既然人与人之间的关系主要涉及的是伦理道德关系,那么,伦理道德的调节也就理所当然地成为社会生活的主要调节手段。在农业社会中,伦理道德的无形约制甚至比有形的法律更为持久有效。所以,农业社会总是表现出明显的伦理性的特征。在长期的伦理道德的潜移默化中,农业社会中的人格就必然打上伦理道德的印记。所以,传统人格又可以称之为伦理人格。具有此种人格的个人以伦理道德为人格支点,个人表现出对社会共同体的依赖性强，缺乏独立性、自主性，法制观念淡薄等特征。而在工业社会中，由于商品经济的充分发展，人们地域的限制被无孔不入的商品所冲破。一方面人们彼此间的关系不再限于宗亲邻里之间，而是发展成普遍的、全社会范围的广泛关系，另一方面人们的关系也主要不再是伦理道德关系，而是表现为经济利益关系。这样，调整人们之间普遍的经济利益关系，就不能主要依靠伦理道德，而要依靠法纪法规，从而对人们之间日益加剧的冲突和对立进行强制性的规范。这样，在人们的人格形成中就必然带有法制化的特征，以至形成与法制社会相适应的法制人格。具有此种人格的个人以法纪法规为人格支点，具有独立性，自主性，法制观念强烈等特征。所以，不能抽象地谈论伦理道德和法制的好坏。一个社会以伦理道德调节为主，还是以法纪法规调节为主；伦理道德重要，还是法纪法规重要，不是根据人们的主观意愿决定的，而是要与一定的社会历史相联系。在农业社会中，不是法制不好，而是社会的实际状况决定了伦理道德发挥了更大的作用。同样，在工业社会中，也不是不需要伦理道德，而是必须以法制为主导，才能对人们的行为进行有效的规范和制约，从而保证社会的正常有序的发展。在人类现代化的发展进程中，随着信息时代的来临，西方发达资本主义国家进入了所谓的"后现代"、"后工业"的社会。在这一阶段上，西方社会呈现出了一些不同于以往的新特征。与之相应，在个人人格上也出现了一些新的发展趋势。例如，在社会层面上，人们更加强调人与自然的和谐一致，更加重视社会生活的实际意义；在个人层面上，更加突出主体精神，尤其是意志、情感等非理性因素的作用。然而就社会总体而言，西方社会目前还没有超出市场经济的发展阶段。因此，西方法制化社会的性质并没有发生根本的改变，个人人格也只是表现出在法制人格基础上的细微变化。

综上所述，人格转型是社会和人的发展的必然要求，只有真正理解了社会以及人的发展,我们才能真正理解人格的形成和发展。而反过来,对人格变迁的理解又有助于我们对社会和人的发展的理解。

二、传统人格向现代人格的转变

从我国的社会发展状况来看,长期以来,我国处于一种落后的农业社会的阶段。尽管解放以后,我国通过社会主义改造和社会主义建设,进行了较大规模的基础工业建设,对原有封建的农业社会的生产方式形成了巨大的冲击,但是,就整个社会的样态来说,农业社会的基本格局并未打破,我国依然是一个传统意义上的农业社会的国家。由于社会的实际状况,人的现代化问题并不具有直接的现实意义。在相同的农业社会的背景下,人们在很大程度上与其说是彻底改变了以往的生活习惯和行为准则,不如说是使原有的生活习惯和行为准则经过社会主义改造,使之合法化、合理化。我国从一个半殖民地、半封建的国家过渡到社会主义国家,尽管其间历史的跨度很大,但是由于保持了农业社会的基本格局,所以,人们的社会生活并没有发生根本性的变化和实质性的改变。这倒不是说社会主义社会的建立没有对人的社会生活发生影响,而是说人们的社会生活自然离不开一定的社会样态,在社会样态未发生根本改变的前提下,实现人的社会生活的彻底改变也是不可能的。正因为如此,我们看到在我国最初的社会主义建设过程中,虽然我们大力塑造和培养社会主义新人,但其新人所具有的人格特征却带有极为明显的农业社会的印记。这集中表现在社会主义新人形象都带有强烈的伦理道德的色彩,都具有全心全意为人民服务的奉献精神,其人格形象的核心是伦理道德上的高尚和崇高。其与以往社会中人格的区别只是在于:社会主义新型人格是伦理道德上的提升和升华,而不是人格的根本转变。只要农业社会的性质不彻底改变,传统的伦理人格的特征就不可能完全消失。随着我国社会主义市场经济体系的逐步建立，人们彼此之间形成了普遍的经济交往关系，因而人们的利益冲突和对立也日益尖锐和突出。这就需要随着市场经济建设的不断深入，大力加强社会主义法制建设。与之相应，人们的法制观念也必然随之不断增强，并最终通过人格表现出来，从而使人格发生相应的变化，具备法制社会的特征。可见，一个社会从无序走向有序、以伦理调节为中心转向以法制调节为中心，不是以人们的主观意志为转移的，相反，它是社会经济发展的一种必然结果。它的产生以及它的转变，都必须以社会经济的发展为基础。我国尚处在社会的转型时期，由于社会变迁对个人的影响，加上个人对社会变迁的反应不同，因而我国当前的人格状况就显得较为复杂。大体上，我们可以把我国目前的人格分成以下三种类型：一是固守原有的伦理人格地盘，与社会历史的变迁格格不入；二是认不清社会历史变迁的方向，在人格定位上犹豫不决或顺其自然，缺乏主动性和积极性，其人格介于传统人格和现代人格之间；三是积极顺应社会历史发展的趋势，自觉实现由传统人格向现代人格的转变。在这三种人格类型中，自觉实现由传统人格向现代人格的转变是与社会历史发展的趋势相一致的。虽然在个人人格的确立上，个人具有选择的权力，但是个人的选择只有与社会的需要一致时，才能保证个人能力的发挥以及对社会的促进作用。一定的社会都有相应的人格预期和要求，在整个社会层面上，人格具有总体上的一致性，它都带有反映一定社会要求的社会特质。当然，正如 V. 巴尔诺所说，"肯定人格具有一致性的特征，并不等于否认人格可能存在内在的冲突和不一致性"。"但是，扮演不同的角色并没有否定人格的根本一致性"。① 可见，个人在人格定位上，要增强与社会要求的统一性。唯有如此，个人与社会的发展也才能保

---

① ［美］V. 巴尔诺：《人格：文化的积淀》，张乐天译，辽宁人民出版社 1989 年版，第 15 页。

持一致性。从顺应社会发展的角度上说，伴随着我国社会主义现代化建设的进程，人的现代化的问题必将日益突出。只有社会的现代化才有人的现代化，而人的现代化又体现着社会的现代化。从传统人格向现代人格的转变，则是人的现代化的标志。所以，在我国当前，社会由计划经济向商品经济、传统社会向现代社会的转型时期，人格的转型也就势所必然。具体来说：首先要加强人格转型意识。在今天，社会转型意识在人们的头脑中已经基本确立，这就需要人们同时认识到人格转型的必要性。在我国现代化的建设过程中，实现社会的现代化与实现人的现代化是同一过程的两个方面。只讲社会的现代化，不讲人的现代化，就会阻碍社会的发展，最终社会的现代化也难以实现；其次要加强法制观念。从社会的角度来说，要大力加强社会主义法制建设，使社会尽快成为法制社会。从个人角度来说，就必须加强法制观念，自觉地用法制来规范自己的行为，适应现代社会发展的需要；第三要增强自主性、独立性和主体性。现代社会要求个人脱离对他人以及社会共同体的直接依赖关系，保持自身的自主性和独立性，自觉发挥主体的能动性，使自己的才能得到充分的体现。所有这一切，都会在现代人格的形成中起到重要的作用，并通过现代人格的特征表现出来。

总之，人格转型是社会转型的一种必然要求。我国由传统社会向现代社会的转型过程，同时也是大众由传统的人向现代人转变的过程。而只有通过人格转型，才能实现人的根本转变。随着我国由传统社会向现代社会的转变，大众的传统人格也必将转变成现代人格，从而在实现社会现代化的同时实现人的现代化。

第十二章 人格的解体与重构

个人总是社会中的个人。一定的社会造就了一定的个人,形成了一定的个体人格。社会的特征往往通过个体人格的特征表现出来,因而有什么样的社会,就会有什么样的人格形式。随着我国计划经济向市场经济的转型,社会也实现着新的重组和整合。受其影响,个体的旧有人格正逐渐走向解体,通过调整和重构,从而形成适应现代社会需要的新型人格。

一、人格的解体

就个体而言,人格是人的内在价值的最深刻的体现。人的生命个体在社会中的生存样态,不仅以人格为支撑,而且是人格的展示和外化。因而人的存在,同时也是人格的存在;人的塑造,归根结底是人格的塑造。

人格作为个体存在只有在社会中才能培育和生成,它必须依附于个体并且通过个体在社会中的行为表现出来。在马克思看来,现实的人总是社会中的人,是社会的个人。与此同时,个人又"是一个特殊的个体,并且正是他的特殊性使他成为一个个体,成为一个现实的单个的社会存在物"。① 这决定了人格是一种通过个体所表现的社会特质。

---

① 《马克思恩格斯全集》(第42卷),人民出版社1979年版,第123页。

一方面,人格反映了个体社会性的要求,个体人格只有在与社会、他人的接触和交往中才能形成和呈现出来;另一方面,它又体现了个体的个性特征,在不同个体身上展现出不同的个性魅力。人格的社会性和个性是人格的两个基本层面,缺少了社会性,人格就失去了生成和展现的场所;而缺少了个性,人格就会失去光泽。对于社会来说,人格是有个性的人格;对于个体来说,人格又是有社会性的人格。通过不同的个性来表现普遍的社会性要求,这才使人格既契合社会实际,同时又丰富多彩。

人格的社会性特征本身有一个变化、发展的过程。在人类的原初时代,由于个体活动的范围非常狭小,社会化特征还不明显,所以,在原始人格中,人始终是目的,群体是为个体的生存服务的,它表现为一种潜在的个性和社会性的统一。在人类进入文明时代之后,随着社会的不断成熟,社会关系日趋复杂,人却从目的沦落为手段,人的个性和社会性之间出现了对立和冲突。在这场较量中,个体人格中的个性往往表现为对社会性的屈从甚至迎合。然而,社会历史的发展进程终究指向的是人的自由和健全。人毕竟不是社会的奴仆,相反,人在社会中总是不断利用一切机会和条件,进行选择和创造。人类目前乃至今后的人格走向是人的个性和社会性的统一,这种统一是以对人异在的社会变成属人的社会为前提的。

人格的社会性特质决定了在不同的社会中,由于社会性质和社会面貌的不同,对人格的期望和要求也不相同。我们考察一个社会中的人格状况,首先就要看它的社会内容,其次是要看个体的个性特征。人格的社会内容和个体的个性特征的结合,就构成了一个社会的人格的全貌。研究的出发点总是现实的个人,从个体人格的社会内容上看,人格反映了一个社会的价值、理念、信仰、道德、权利、义务等等;从个体人格的个性特征来看,人格又反映了个人的需要、信念、兴趣、爱好、能力、气质、性格等等。社会对理想人格的期望值的大小和实现程度就取决于个人的个性和社会性的结合程度。以此为标准,我们就可以较为完整地把握一个社会的人格主题和趋向。

一个社会以法纪、法规为主来规范人们的言行,还是以伦理、道德为主来进行调节,不是人们自主选择的结果,而是由社会历史的客观条件决定的。在自给自足的自然经济条件下,由于受狭小的社会交往环境的影响,人们彼此之间的关系较为简单和直接,因此,维系人们社会生活的是伦理道德。处在长期道德社会的氛围中,个人人格中就带有了明显的伦理化的特征。而在市场经济条件下,由于人们之间因经济利益所造成的冲突日趋激烈,加上国际、国内市场的建立使人们的交往范围极大地扩大,社会关系也变得异常复杂,单单伦理道德已不能成为调节社会生活的主要杠杆。相反,只有依靠法纪法规来规范人们的行为,才能保证个人利益不受侵犯,社会获得长治久安。对于个体来说,法制人格的形成,不仅保证了个人在市场中的公平和公正,而且是社会走上法制化轨道的重要标志。可见,社会的进步,需要相应的人的进步;而人的进步,必须有赖于新型人格特征的形成以及新型人格的确立。

二、人格的重构

我国目前正处在由计划经济向市场经济的转型时期,由于市场经济尚不成熟,法纪、法规不够健全,因而人格的塑造也不完备,存在着较大的可塑性空间。不管人们在社会转型的同时是否具备了足够的人格转型意识,准备是否充分,重塑自我、寻求新的人格支点、建构新的人格范型都是必不可免的。人格转型的要求是社会转型对个人的心理冲击达到一定程度的必然结果,个人的心理积淀最终要通过人格的变化表现出来。处在人格转型期的个人,由于原有人格基点发生了动摇,新人格在旧人格的解体和裂变中正在孕育生成,往往会造成较为强烈的心灵震撼和人格悸动。在社会转型的宏观背景下,个人应认清社会转型的实质,自觉调适自己的心态,努力使个人的人格预期与社会的要求相契合,从而使个人的人格定位趋于合理。

任何一个发展中的社会,它都必须锻造和培养符合自己需要的新人。而新人的成长,归根到底是新型人格的生长。社会所努力培育出的新人只有以新型人格做支撑,才能充分发挥其积极性、创造性和主动性。人格定位上的犹疑和彷徨,最终只能使人走向迷惘和失落。新中国成立以后,在我国社会主义建设过程中培育出了雷锋、王进喜式的社会主义新人。他们的榜样力量,正是来自于他们的全心全意为人民服务的人格精神。社会主义市场经济的逐渐建立,同样需要造就与之相应的新人,培育出与之相应的新型人格。按照社会主义市场经济的要求,新型人格的培养,必须与市场的公平、公正原则相适应。个体只有按照公平、公正的原则规范自己的言行,才能在操作中使市场经济以理性化的方式有序运行。市场经济条件下的新人,他的人格特征是遵纪守法、独立自主。这是与市场对人的普遍要求相一致的。在社会主义市场经济建设过程中,处在市场中的个人,只有遵纪守法、独立自主,才能保证市场经济的有效运作。个体人格所表现出的这种法制化主流特征是由社会主义市场经济的社会环境决定的,任何站在原有的伦理道德的基点上对社会所进行的批判,都是没有真正认清社会转型实质的表现。否则,我们就无法正确评价伦理道德在社会主义市场经济中的作用。可见,人格以感性的形式出现,还是以理性的形式出现,以伦理道德支撑,还是以法纪法规支撑都来自于社会的规定。而反过来,个体人格表现为感性人格,还是理性人格、伦理人格,或者是法制人格,都会对社会产生重要影响。从这个意义上说,只有健全的社会才能造就健全的个人,只有健全的个人才能构成健全的社会。社会趋于理性化的方向发展,从无序走向有序,同时也是个体人格从感性走向理性,从伦理走向法制的过程。人格的理性化是和社会的理性化相一致的,这决定了个体理性人格的形成也有一个历史发展的过程。总的来说,我国历史上出现过的人格形式基本上都是以感性人格为主。在我国长期的封建专制主义统治下,社会相对安定和稳固,在小商品生产基础上形成的人与人的关系显得朴素和零散,伦理道德在维系社会生活过程中起到了决定性的作用,表现在个体身上,人格伦理化的特征极为明显。新中国成立以后一直到"文革",虽然我国在社会主义建设方面取得了很大的成就,实行了计划经济体制,但是农业社会的经济面貌并没有根本改观,这样,一方面人们之间经济利益的冲突相对缓和,另一方面社会交往的范围仍很狭小,社会生活主要还是依靠伦理道德来调整。所不同的是由封建道德提升为社会主义道德,法纪法规更为自觉和加强,个体人格从封建伦理人格上升为社会主义新型人格,但从根本上说,它也属于伦理人格的范畴。只是封建伦理人格以忠诚信义、忠君报国为核心,社会主义伦理人格则以全心全意为人民服务为内容。它们在不同的历史时期,对于稳定社会秩序,保持社会安定都起到了重要作用。在"文革"中,由于受特定历史环境的影响,人们原有的伦理道德观念受到了极大的冲击,个体人格表现出人为的分裂和沦丧,个人陷入前所未有的迷惘和信仰危机之中。"文革"之后到现在,由于我国实行了改革开放的政策,开始逐步建立社会主义市场经济体制,个人也逐渐从人格危机中走了出来,重塑自我人格。可见,人格的变迁,是由社会的变迁所引起的。现代人格的形成,也必须与现代社会的要求相一致。由于社会主义市场经济体制需要有理性的规范和制约,才能保证市场的顺利运行,所以,社会由伦理道德支撑转向由法纪法规调整,就成为历史发展的必然。与之相应,个体也从伦理人格实现向法制人格的转接,并通过它体现社会的转变。

第十三章　我国新时期人格基点的动荡与偏移

　　任何人格中都包含着相互影响、相互制约的诸种因素,在这些因素中总是会有某种因素占据主导地位并起决定作用,从而构成人格的立足点和支撑点,即人格基点。人格基点是随着社会历史的发展而变化发展的,在我国目前就必须确立法制化的人格基点,实现由传统人格向现代人格的转型。

一、人格基点及其动荡

　　所谓人格基点是指人格的立足点和支撑点,它是整个人格的基础和核心。人格基点的确立,是人格形成的基础。随着当代我国社会经济的发展,人的现代化问题越来越突出和明显。对人格基点与人格转型问题的认识必将有助于我们加深对人的现代化问题的理解,推进人的现代化进程。

　　在人类历史的发展进程中,影响个体的社会因素是多种多样的,具体包括经济、政治、文化、法律、道德、宗教等等不同因素。人格就是诸多社会因素在个体身上的反映,是一种使个人有别于他人的具有持久性的特征。正因为如此,人格的构成因素不是杂乱无章的,而是按照一定方式结合在一起的统一整体。不过,在一个完整的人格系统中,构成人格的诸多因素的地位和作用却不是等同的。往往总是有某种因素居于支配地位、具有决定作用,对人格中的其他因素具有统摄性。我们就把这样的因素看成是人格构成的基点,它支配和决定着人格中的其他因素。一旦人格基点被确立之后,人格的其他构成因素就会在此基础上进行重组和整合,从而形成完整的个体人格系统。同样,当新的人格基点产生时,其他人格因素就需要在其基础上作出相应的调整。可见,人格基点的确立对于个人人格的形成至关重要。

人格构成因素的地位和作用是由人的社会生活所规定的。个人始终是处在社会生活中的个人,因此,只有当社会生活中存在着一定的社会因素时,这些因素才能反映到人格中来,成为个体人格的构成要素。可见,到底什么因素能够成为人格的基点,在人格诸因素中居于支配地位、起决定作用,就要取决于社会生活的实际状况,取决于该因素在社会生活中的地位及其所发挥的作用。具体来说,它包含相互联系的两个方面:

一方面,人格基点的确立离不开社会生活的实际状况。人格是在人的发展过程中逐渐生成的,它不是人们与生俱来、一成不变的东西。处在社会生活中的个人,总是会受到来自社会的各种因素的制约和影响,个体人格的形成就取决于对这些因素的反映。在人们的社会生活中,其构成因素本身也不是固定不变的,它们有一个逐渐产生和发展的过程。因此,它们的地位和作用也是随着社会生活的改变而改变的。迄今为止,人类历史发展过程中的带根本性的决定因素是经济因素,但是,在某一个时期或者在某一个阶段上,宗教的、政治的以及法律的因素却可能发挥更为明显的作用。可见,人格基点的确立必须到社会生活中去寻找,只有在社会生活领域,我们才能发现人格得以形成的根据。

另一方面,人格基点的转变也是由社会生活的转变所决定的。在人类历史的发展进程中,如果单从经济形态的角度上看,社会经济可以分成原始经济、自给自足的自然经济、商品经济以及产品经济几种形态。严格来说,原始经济还不是真正意义上的人类经济,因为人类经济必须是一种创造性的活动,而原始人类只能制造和利用简单的生产工具从事采集和狩猎活动,从自然界中获得现成的物质生活资料。在这一时期,人类还没有完全从自然界中独立出来,因而还无法形成真正独立的个人人格。我们可以把这一时期的人格称之为自然人格。在人类社会经济出现之后,人类才开始从自然界中逐渐解脱出来,才有了真正意义上的独立人格的产生。我们可以把这一时期的人格称之为"经济人格"。这意味着人类第一次通过自身的实践活动,借助经济的中介实现了与自然界的分离。经济人格从自然经济阶段一直延续到商品经济阶段,它是人类迄今为止的社会历史发展中的主要人格形式。不过,经济人格又可以分为两种:一种是伦理人格,它是与自给自足的自然经济形式相适应的;一种是法制人格,它是与商品经济的形式相适应的。在最初的自然经济条件下,经济生产带有很大的随意性。由于都是家庭、作坊式的小商品生产,还不可能在全社会范围内对生产实现整体调节。这就意味着生产的规模不大、效率不高,人们之间普遍的利益关系还没有形成,所以,社会生活的调节手段主要是伦理道德,个人人格也就带有浓厚的伦理道德的色彩。而到了商品经济阶段,由于实行机器大生产,生产的规模不断扩大、效率不断提高,人们之间普遍建立起了经济利益关系。单单依靠伦理道德已经无法有效地调节社会生活,这就需要通过法律法规的完善,主要借助法律手段来确保社会生活的稳固。与之相应,个人人格也就带有强烈的法制色彩。在未来实现产品经济的社会中,由于人从自然界以及人类社会的奴役中解脱出来,人才能获得真正的自由个性,我们可以把这一时期的人格称之为"自主人格"。因此,人格基点的变化是与社会生活的变化密切相关的,我们不能撇开人类社会发展的历史来单纯讲人格的变迁,同样,我们也不能脱离社会生活来孤立地讲人格基点的变化。

有一种观点认为,人格基点是不可动摇的,因为一旦人格基点发生了动摇,人也就不成其为人。但我们知道,人的本质不是固定不变的,因而人格也不可能固定不变。如果人的本质发生变化,而人格却不发生变化则是让人无法理解的。人的本质(包括人格)的变化,不是意味着人将不成其为人,恰恰相反,它的变化意味着人将更成其为人,从不完善的人走向更完善的人。因此,一讲人的本质、人格的变化就理解成人的堕落是毫无根据的。

就目前而言,我国尚处在社会的转型时期,尽管在社会生活中法制已经起到了极其重要的作用,但是,由于人们头脑中的法律意识和法制观念还不够强烈,因此,新人格的法制基点还没有完全确立。随着社会主义市场经济体系的逐步建立和完善以及人们头脑中的法律意识和法制观念的进一步增强,新的人格基点就必将会形成和确立,并最终取代旧的人格基点,实现人格的转型。

二、人格基点的偏移与矫正

我国目前正处在社会的转型时期,一方面,人们的社会生活发生了巨大的变化。与过去相比,无论是在经济、政治还是文化等方面都产生了很大的差异。这就要求我们能够了解新情况、解决新问题;另一方面,人们自身的思想和行为也在发生着重大的变化。人们心目中原有的一些信条、准则需要进行调整,有的甚至需要放弃,新的信条、准则逐渐产生,并且日益发挥越来越重要的作用。随着社会的转型,个人人格也在发生着相应的变化。然而,新人格形成的状况需要取决于新的人格基点的状况,而新的人格基点的状况又离不开社会的实际状况。所以,归根到底要通过对社会状况的考察,才能弄清人格基点的变迁趋向,从而为新人格的生成奠定坚实的基础。

从我国目前的社会状况来看,计划经济正有条不紊地实现向市场经济的转接,各种法律法规逐渐走向成熟和完善,社会也日益走上法制化的轨道。与之相应,由于市场经济条件下,人们之间的利益关系普遍形成,人们彼此之间的相互冲突和对立日趋增强,调整个人行为和活动的中心也就发生了偏移,即从伦理道德转向了法律法规。所以,从这个意义上说,市场经济是一种法制经济、理性经济,在成熟的市场经济基础上,社会必然会从无序走向有序。可见社会生活以什么作为调节的主要杠杆,不是取决于人们的一厢情愿,而是取决于社会的经济发展形式。在我国自给自足的自然经济的条件下,甚至包括社会主义计划经济的经济形式下,由于人们之间没有形成普遍的利益关系,彼此之间的冲突和对立较少或者强度不大,因此,社会生活主要依靠伦理道德来调节;而在市场经济的经济形式下,社会生活则必须借助法律法规来调节。可见,从伦理道德向法律法规的偏移,是与社会经济形式的转变相一致的。这种偏移势必会在人的行为和活动中反映出来,并最终改变原有的人格特征和样态。具体来说,就是在社会生活以伦理道德为调节中心时,个人人格表现为伦理人格;而在社会生活以法律法规为主要调节手段时,个人人格则表现为法制人格。这倒不是个人的媚俗,而是只有在尊重社会发展以及个人发展规律的前提下,才能真正推动社会和个人的发展,否则就只能是流于空洞的说教。因此,不能清醒地认识到我国目前社会发展的实际状况,就不能正确认识人格基点的转向以及人格特征的变化,也就无法对个人的行为和活动作出客观、公正的评价。

就我国当前的现状而言,新的人格基点正在逐渐形成,然而,它的最终形成还要取决于整个社会历史的发展进程,取决于社会生活的变化过程。我们有理由相信：在不久的将来，随着社会现代化的顺利进行，拥有旧人格的"传统人"必将为拥有新人格的"现代人"所代替，从而真正实现人的现代化。而只有在人的现代化实现的基础上，社会的现代化才能真正完成。

第十四章　现代中国市场经济条件下的
　　　　　人格重组

　　目前,随着我国市场经济建设的不断深入,人的观念在不断变化。从浅层次上来看,人们在义利关系上发生了明显的改变,不再死守"君子喻于义,小人喻于利"的传统文化的人格定位,而是自觉与不自觉地在市场经济的外在调合下,将自我放在市场经济的自然运作机制中来寻找新的人格立足点。并且,人们也已不再对市场经济采取审视、观望的态度,而是内在于这个过程来同构自己的文化心态和人格取向。这种人格重组化倾向客观上要求我们必须作出理论上的回应,从而为适应我国市场经济建设需要的新的经济人格的建立确定基本的生长点。从深层次上来看,人格重组化倾向在主、客体统一的辩证法中,提出了人的主体性扩张和人格自主的要求,它代表着一种新的文明所必需的文化精神的建构模式,这就需要我们勇于突破旧有的理论框架,从对客观现实的实际分析出发,来重构以经济人格为核心的新的人文精神。这样,客观的需要和主观的趋向结合起来,就构成了人格重组的特定的历史任务。鉴于我国目前在市场经济运行过程中出现的人格裂变的现状,现代中国市场经济条件下的人格重组问题就不仅在学理层面,而且在实践层面都有十分重要的意义。

一、从传统社会到现代社会

为了能站在中西文化接轨的高度来透视我国市场经济运行过程中所出现的新的人格取向和人格生成,我们有必要引进两个西方社会学的重要概念:传统社会和现代社会。传统社会是指以农业文明为特征的社会,现代社会是指以工业文明为特征的社会。按照德国社会学家特尼斯的界定,传统社会又叫"乡土社会"或"礼俗社会",它是以民风、习惯、惯例、宗教、情感等维系的社会。这是因为传统社会赖以生长的基点是农业,而农业的根基是土地,由于土地的天然固着性,在此基础上形成的与土地紧密相联的人的社会关系就表现为稳定的宗法、血缘关系。所以,整个传统社会呈现出一种由固定的土地和同样固定的人与人之间的关系组成的凝固、胶着的自然状态,人们表现出一种无主体的"天人合一"的文化心态,处在一种自然的奴役状况,构成一种无竞争的、逆来顺受的和平的生命样态。人相对于自然,只是处在一种自在自发的受动地位,自然同化着、统摄着人类,物事与人事之间没有截然的界限。所以皇帝都是自命"天子"、代天立言,社会表现为以伦理、道德支撑的人治社会,而在根本上又不超越自然的法则。传统社会这种人与自然的相对稳定的交互统一,使宗法血缘关系具有一种稳固不变,难以冲决的无形力量,它对现代社会的生长和发展构成了一种极大的障碍。

现代社会赖以生成的基点是工业,而工业的根基是机器。由于机器是人制造出来的,它不同于自然提供的土地,所以,现代工业文明从根本上是反自然的,它是以人与自然的分离为前提的。与之相应的,人相对于自然来说不再是受动的,而是主动的。人们不只是接受自然、利用自然,而且还创造自然、改变自然,人开始具有了独立人格和自主性,自然不再是为人立法,而是人决心为自然立法。它表明人们试图从自然法则中走出来,从一种无序的、自在自发的生存状态走向有序的、自为自觉的生存状态。由于机器生产本身就蕴含着一种人的主体创造精神,因此,与这种灵动的机器生产相适应,人们在分工协作中结成了更为复杂和多变的社会关系,表现出一种竞争的、反抗的和动荡的生命样态。这样,由土地的自然属性决定的稳定感性的宗法血缘关系,也就让位于由机器的创造属性决定的灵活理性的契约法律关系。这种由契约、法规和公共舆论来维系的社会,特尼斯称作"法规社会",即现代社会。由于机器大生产的需要,现代社会是以科学技术和人的主创精神为支撑点的,于是,一种以技术理性和人本精神为主导的文化精神就慢慢形成了,这代表了人类社会发展的一种基本趋向。从传统社会向现代社会的转变,同时也是以经验感性和奴役精神为主导的文化精神向以技术理性和人本精神为主导的文化精神的转变。

二、从传统人格到现代人格

作为文化的产物,人格与社会的文明样态息息相关。不同的文明样态,反映出人们不同的人格特征。我国目前正处在由传统社会向现代社会,即由农业文明向工业文明的转型时期,这是由我国的市场经济建设所带来的深刻变化。1949 年中华人民共和国的成立,标志着我国在政治制度上发生了根本性改变,但传统的农业文明几乎没有多少根本性的触动。在农村中实行的合作制和人民公社化运动至多只是在社会组织结构方面引起了一些变化,我国仍然是以一个传统意义上的农业大国的面目展示在世人面前的。而在城市进行的基础工业建设还远谈不上对广大农村地区形成决定性的影响,从而实现从传统的农业文明向现代的工业文明的转变。这样,传统的与农业文明相适应的人格范型在当代中国仍然占据着主导地位,它表现出无独立性、主体性和以伦理为中心的文化特质,具体表现为:追求安定的生活,对社会变化的承受力和适应性差、法制观念淡薄和伦理道德观念强烈等特点。它成了人们在传统的心理文化积淀基础上的基本人格取向,在今天世界范围内现代工业文明已有了迅猛发展的社会总情境下,这种人格范型却几乎完整地保留和延续下来,只是到现在才开始遇到了有力的挑战。这远非人们想象的只是观念新旧的问题,而是两种文明碰撞的必然结果。我国的市场经济建设无疑是自觉地与现代工业文明接轨的一个明智举措,它是我国实现从传统的农业文明向现代工业文明转变的决定性步骤。今天,我国乡镇工业的崛起,全面的工业开发,已使传统农业文明的根基发生了根本性的动摇,这是一次从城市到乡村的真正的工业文明的大进军。但由于我国的市场经济不是自发生成,而是由政策启动的,这就不可避免地带来了经济建设的进程与人的文化心态转接的不同步性。它表现为人的心态在遭遇现实问题时的失衡和冲突,难以直接进入新的人格角色。一方面,市场经济外在地需要法制尺度,需要通过法律来调节一切;另一方面,人们却又固守内在的价值尺度,伦理观念仍然占据中心地位,这种文化的保守心态显然不利于我国的市场经济建设,如何使人们从心理上的被动接受转为主动参与,就成为我们理论上的严峻课题。只有打破人们固守的文化地盘,消除人们对传统文明的痴迷与执着,形成以新的经济人格为核心的文化心态,才能实现人的心理和观念上的内、外尺度的统一,从而推进我国工业文明的进程。而要形成新的文化心态,首先就必须实现人格重组。不同于自然人格,新的经济人格必须具有独立性、主体性和法制性的文化特质,这样才能与市场经济的客观需要相一致。为此在新的人格重组化过程中,就必须注意以下几方面的问题:

第一,自主性的加强。现代文明某种意义上就是自我创造、自我实现的文明,它客观上要求人们形成独立人格和充分发挥自己的主体创造性,将自我的创造性活动和自我的实现过程统一起来。市场经济为人们提供了更多的机遇和可能,在传统农业文明中许多不可能的事在现代工业文明中却统统成了可能,而要使可能性转变为现实性,人们就须具有主体的创造精神。

第二,理性的强化。由于科学技术代替经验成为现代工业文明中的主导力量,成为第一生产力,因而,尊重科学,高扬科学理性精神也就成为当今时代的呼声。尽管我国目前尚处在由农业文明向工业文明的转型时期,但对科学的尊重,对理性精神的要求已成为一股不可阻挡的潮流。今天,人们更需要的是对现实的理性分析,而不只是情感的好恶。只有通过理性,人们才能把自己更好地与现代工业生产结合起来,从而自觉地规范自己的行为,以适应现代工业生产和现代社会生活的需要。

第三,伦理的"边缘化"。传统农业文明把伦理道德始终放在人格取向的中心点,这就使得人们处处以良心、道义作为人格评判的标准。现代工业文明把法制置于人格取向的中心,人们是以法规作为人格评判的基本标准。这并不意味着现代工业文明要取消伦理、道德,而是说人们在思考和处理问题时的出发点首先应该是合不合法,这样,社会的人格尺度才能从模糊走向清晰。

第四,法制观念的强化。无序的市场经济需要法制的健全来调整,才能使市场从无序走向有序。而法制的健全,必须有赖于人们的自觉遵守,人们是否具有较强的法制观念是市场经济能否正常运行的关键。换句话说,我国目前市场经济建设中出现的种种混乱,相当一部分是由人们的法制观念淡薄所造成的。为此,新的经济人格取向还必须强化人们的法制观念。

总之,新的文明样态呼唤新的文化心态,而新的文化心态的形成,首先取决于新的人格重组和确立。与传统农业文明相对应的自然人格必须让位于与现代工业文明相对应的经济人格。在经济人格确立以前,我国的市场经济就不可能完全确立,也就是说,经济人格的形成正是市场经济完善的重要标志。虽然我国目前已经产生了人格重组的要求,但新的人格显然还没有完全建立起来,这就带来了许多似乎令人难以理解的怪现象,如浪费、奢侈、虚荣、偷税漏税、假冒伪劣、贪污腐败、官僚主义和追求短期效应等等,表现出人格定位上的极大的盲目性和无序性。正如文明的转型是一个艰苦的过程一样,新的人格重组也必将是一个非常痛苦的过程,这就更加需要我们首先做好理论的建构工作,为新型经济人格的建立做出正确的舆论导向,从而为最终形成竞争的、自主的、理性的和法制的新型经济人格作出我们应有的贡献。

第十五章　我国当代人格范型

社会的现代化需要相应的人的现代化,而人的现代化的一个重要标志是现代人格的形成。随着社会主义市场经济体制的逐步建立和完善,我国迈向现代化社会的步伐也在大大加快,这就使得人的现代化问题日渐突出。因此,了解我国当代的人格范型,认清现代人格的发展趋向,在目前就显得尤为重要。

一、什么是人格范型

所谓人格范型是指一个社会中基本的人格范式和类型,它是随着社会的发展而变化发展的。我国当代的人格范型,大体说来有以下三种:一是传统的伦理人格,这是在我国长期的封建社会中自然形成的人格范型,在今天尤其是一些封闭、落后的地区仍有一定的残余;二是新型伦理人格,这是新中国成立后提倡和培养的社会主义人格范型,也是我国当前占主导地位的人格范型;三是法制人格,这是我国尚在生长的人格范型,它是现代人格范型的发展趋向。由于新型伦理人格从根本上说是伦理人格的一种,所以,我国当前的人格范型又可分为两大类:一是伦理人格,二是法制人格。其中,伦理人格包括传统伦理人格和新型伦理人格。人格范型的这一组成结构,是与我国社会的发展紧密相连的。就一般意义来说,伦理人格是与传统农业社会相适应的人格范型,社会主义国家的建立,虽然在经济、政治和文化上发生了巨大变化,人们在人格取向上也经历了由自发到自觉的过程,但是,我国农业社会的性质并没有由此根本改变,人格范型仍然保持了伦理人格的基本特征。法制人格则是与现代工业社会相适应的人格范型。随着我国社会主义现代化建设进程的不断加快,我国正逐步实现由农业社会向工业社会、传统社会向现代社会的转型,与之相应,人格范型也要由伦理人格逐渐转向法制人格,这是社会转型的必然要求。就目前的现状而言,我国尚处于社会的转型时期,因此,社会的主流人格仍然是伦理人格,它主要是指社会主义的新型伦理人格,法制人格还在生成之中。但随着我国现代化社会的进一步发展,法制人格必将走向成熟,并最终取代伦理人格的主导地位,成为社会的主流人格。伦理人格是指人们在日常生活和社会行为中,主要以伦理道德为支撑和调节手段的人格类型,在历史上,它在我国一直居于主导地位。伦理人格的形成,直接是由农业社会的性质所决定的。长期以来,我国一直是一个传统的农业大国。农业离不开土地,而土地又限制了人们的活动以及相互之间的交往。人与人之间的关系主要是发生在宗亲和邻里之间的稳定和持久的宗法、血缘关系,它往往是以民风、习惯、宗教、惯例以及情感等等来维系的,整个社会也呈现出凝固、胶着的状态。在这样的社会中,由于人们之间普遍发生的是宗法、血缘关系,它主要是一种伦理道德关系,所以,体现伦理道德内在调整作用的夫权、神权和族权往往具有至高无上的地位(夫权、神权和族权只有代表了伦理道德的权威时才具有至高无上的地位)。而表现为外在强制的法律法规只是作为伦理道德的补充而发生作用。这样,人们的一切言行首先必须在伦理道德层次上求得认同,否则便会为社会所不容。这种长期的伦理道德的心理积淀,最终必然在个人人格塑造上体现出来,使得个人人格带上了强烈的伦理化的特征。封建社会的伦理人格的主要特征表现为追求安定的生活、缺乏独立自主意识、对社会变迁的承受性和适应性差、法制观念淡薄以及伦理道德感强烈等,拥有伦理人格的个人往往表现出一种自在自为的感性生命样态,社会也表现为一种无序的社会。由于伦理人格是适应农业社会的状况而产生的,所以它对传统农业社会的稳定起过重要的作用,而且,只要农业社会的格局不从根本上被打破,它就仍然会起作用。

中华人民共和国成立后,我国在政治上发生了根本变化,在经济上也发生了一系列重大变化。从 1949 年到 1956 年,我国在短短几年的时间里基本上完成了对农业和工商业的社会主义改造,初步建立了社会主义的经济基础。在农业上,农村中开展了广泛而又深刻的土地改革,从互助组到合作社再到人民公社,完成了农村在社会组织结构和生产组织形式上的重大转变;在工业上,没收了官僚、买办资本,对民族工商业进行了社会主义改造,并在此基础上开展了大规模的基础工业建设。但是,一方面我国农村人口仍然占全国人口的绝大多数,农业仍然是国民经济的根基和命脉;另一方面我国的工业建设还主要限于基础工业,即使后来工业建设的步伐加快了,也不足以构成对农业本位格局的根本触动。所以,究其根本,我国仍然是一个农业国,在社会的人格范型上就脱不出伦理人格的窠臼。然而,社会主义社会的伦理人格比之传统的封建社会的伦理人格已经有了明显变化,它是一种新型的伦理人格。具体表现在:第一,它破除了人们头脑中封建主义和资本主义的思想意识,提高了人们的思想觉悟和文化素质,把人们朴素的伦理人格升华为自觉的伦理人格;第二,它通过树立榜样、典型的形式完成了具有新型伦理人格特征的社会主义新人的形象塑造,在全社会范围内确立了以助人为乐、勇于奉献和全心全意为人民服务为核心的伦理目标指向;第三,社会主义社会还加强了法制建设,人们的法制观念有所加强,在个人伦理人格的组成中加入了奉公守法的新内容。由此可见,社会主义社会的新型伦理人格是传统的封建主义的伦理人格所无法比拟的,这是由社会主义社会的性质所决定的。但是,我国毕竟还是农业社会,社会主义的新型人格并没有越出伦理人格的范围,人们的行为普遍具有伦理道德的特征。

二、人格范型的转变

随着我国社会主义市场经济体制的逐步建立和完善,为了适应社会转变的趋势,人格的根本转型就不仅成为必要,而且成为可能。法制人格是指人们在日常生活和社会行为中,主要以法律法规为支撑和调节手段的人格类型。法制人格的形成,是由工业社会的性质所决定的。现代工业社会打破了人们地域的局限以及稳固的人与自然之间的天然连带关系,人从土地上被解放出来,代之而起的是以机器为主的大工业生产方式。随着人们活动空间和交往范围的不断扩大,人与人之间的相互交往关系也变得日益复杂。首先,它不再局限于宗亲、邻里之间,而是遍及整个社会;其次,它不再囿于宗法血缘范围内的伦理道德关系,而是形成了错综复杂的政治、经济、文化以及生活等关系;再次,已有的民风、习惯、宗教、惯例和情感等已无力维系人们之间日趋松散的社会关系的需要,只有借助强有力的法律、法规的外在力量规范人们的行为,才能保证人们之间社会关系的和谐和稳定。因此,工业社会中人与人之间日益复杂的关系是通过契约、法律、法规和公共舆论等维系的。正因为如此,与农业社会的伦理化相比,现代工业社会则逐渐变成了法制化社会。这使得个人在人格取向上就由内在的伦理尺度转向了外在的法制尺度,个人人格也慢慢地由伦理人格转向了法制人格。这表明,从由伦理道德为主调整的无序的人格社会状态走向由法律、法规为主调整的有序的法治社会状态,是从农业社会向工业社会历史演变的必然结果,而人格范型由伦理人格向法制人

格的转接则是社会转型的一个重要标志。从这个意义上说,法制人格
不能最终形成,社会就不可能完全走上法治化的轨道。伦理人格和法
制人格都是一定历史条件下的产物,它们是在调节农业社会和工业社
会人们之间不同层次和方面的社会关系的过程中逐渐形成的。一个
社会的人格范型是采取伦理人格的形式,还是法制人格的形式,不是
由人们主观臆想决定的,而是由客观的社会状况决定的,法制人格与
伦理人格相比在内容和形式上都发生了重大变化:在内容上,法制人
格以法律法规为支撑点,个人关系往往表现为以法律法规为评价标准
的法律关系,个人的社会行为也主要表现为法律行为;伦理人格则以
伦理道德为支撑点,个人关系表现为以伦理道德为评价标准的伦理关
系,个人的社会行为主要表现为伦理行为。在形式上,法制人格是理
性的、外在的形式,它是由契约、法律、法规和社会舆论等维系的;伦理
人格则是感性的、内在的形式,它是由民风、习惯、宗教、惯例和情感等
维系的。相比之下,法制人格比伦理人格在调整人们之间的社会关系
上更注重公平性、合理性和规范性,这是工业社会中人与人之间的复
杂的社会关系的内在要求。具有法制人格的个人是与现代工业社会
相适应的"现代人",他的特征表现为更富有理智、对社会变迁的承受
性和适应性强、具有独立自主意识和创造精神以及强烈的法制观念
等。正因为这样,整个社会才不断地由不规范到规范、由无序到有序。
在我国目前社会主义现代化建设过程中,随着市场经济建设的不断发
展,我国正逐步由传统农业社会向现代工业社会转变。对个人的人格
定位和人格取向也应放到社会转型的意义上去理解。具体来说,就是
人格转型要与社会转型相一致,逐渐实现个人人格由伦理人格向法制
人格的转变。为此,我们在头脑中就不仅要有社会转型意识,而且要
有人格转型意识。一方面,要看到社会转型提出了人格转型的要求,
同时为人格转型提供了条件;另一方面,人格转型反过来又促进和推

动了社会转型,使社会和人的现代化同步发展。就我国个人人格的现状而言,人们往往还是习惯于站在原有的人格立足点上来面对现实,自觉与不自觉地把伦理道德作为最重要的行为制衡因素,缺乏应有的人格转型意识。这就使得我国的法制建设虽然日趋健全和完善,人们的法制观念却始终达不到社会主义市场经济所要求的高度。它不仅表现在一些法律应该确立的地方仍然被伦理道德占据和支配,而且表现在法律已经确立的地方,法律也常常被伦理道德化地解释和利用。这就有必要引导人们认清我国当前社会转型的历史变化,增强人格转型意识,避免人格取向上的盲目性,自觉地在市场经济的内在运行机制中调适自己,寻找新的人格生长点。只有这样,我国的社会主义市场经济体制才能够最终确立,社会的现代化和人的现代化才可能共同实现。

总之,随着我国市场经济建设所带来的现代化前景的逐渐显露,伦理人格向法制人格的转型也势所必然。因此,对于个人来说,首先,要认清在新形势下人格转型的必要性和必然性,个人只有顺应社会历史条件的变迁,不固守伦理道德的心理地盘,才能适时地实现由伦理人格向法制人格的顺利转接;其次,要增强人格转型的自觉性。在今天社会的转型期中,每一个人都有责任去促成社会的转变。个人人格转型是社会转型的一个重要标志,所以个人要做好人格转型的充分准备;最后,还应该看到,我国目前还只是处于社会的转型时期,还没有完全跨入现代化社会,因此,在人格取向上既不能落后保守,也不能操之过急。要明确人格转型的意义在于顺应社会的变化,更有效地调节人们之间的相互关系。当社会变化需要法制人格代替伦理人格时,仍然由伦理人格占据主导地位,就会对社会和个人带来不利的影响;同样,当社会变化还不需要法制人格代替伦理人格时,强行用法制人格代替伦理人格,对社会和个人也会带来不利的影响。

综上所述，认清我国当前的人格范型状况，增强人格转型意识，这是社会主义现代化建设的必然要求。随着社会的进一步发展，传统伦理人格的残余将逐渐消失，占主导地位的新型伦理人格将逐渐让位于正在生长的法制人格。我们完全有理由相信：社会的转型必将会带来人格的转型，而人格的转型也必将会促进社会的转型。随着我国社会转型期的到来，人格转型期也必将随之而来。

第十六章　从伦理人格走向法制人格

在《1857—1858 年经济学手稿》中，马克思曾经从人们之间社会联系的演变和个性发展史的角度，把全部人类历史划分成三大形态：一是人对人的依赖时期，这是"自然的社会形态"；二是人对物的依赖时期，这是"经济的社会形态"；三是自由个性时期，这是"自主的社会形态"。人类目前已经和正在经历的是前两个时期，这两大历史时期分别以伦理社会和法制社会的样态表现出来。就一般而言，在一个伦理的社会中造就的是伦理化的个人，而一个法制社会造就的则是法制化的个人。与个人的存在状态相应，个人人格也表现为伦理人格和法制人格两种。社会从伦理化走向法制化的过程，同时也是伦理化的个人向法制化的个人、伦理人格向法制人格转变的过程。

一、从伦理社会到法制社会

自人类社会形成以来，个人就一直生活在社会之中，并且受社会的制约和支配。这是因为人类为了生存就必须进行生产，而生产又总是社会生产。因此，建立在社会性生产基础上的个人生活就不可避免地会打上社会的烙印。正如马克思所说："个人怎样表现自己的生活，他们自己就是怎样。因此，他们是什么样的，这同他们的生产是一致的——既和他们生产什么一致，又和他们怎样生产一致。因而，个人是什么样的,这取决于他们进行生产的物质条件。"①可见,社会是什么样子,个人也就是什么样子。一个社会中个人的生存样态,绝不是个人自由选择的结果,相反,个人的命运总是与社会的命运息息相关。我们要想了解个人,首先就要了解社会,了解社会生产的物质条件。

在人类业已经历的社会历史上,人类生产的物质条件发生的最为重大的转变,是从自给自足的自然经济向商品交换的市场经济的转变。这两种不同的物质生产条件形成了不同的社会面貌,造就了不同的个人。在封建的、自给自足的自然经济条件下,由于市场交换的范围极其狭小,人们的人际交往环境十分有限,因而人们彼此之间所结成社会关系就显得朴素和简单,并且往往带有邻里间的较为浓烈的伦理道德色彩。这就使得人们之间的关系大多只是一种模糊的、不确定的感性关系,而较少具有理性的明晰性和确定性。人们在生产和生活中普遍表现为人身的依附或依赖关系,因而个人尚没有成为完全独立的个体,不需要也不可能形成广泛的独立个体间的责任关系,相反,更多的则是一种人身的连带关系。因此,既可能"一人得道,鸡犬升天",也可能"一人犯法,全家获罪"。在这样一种封闭和固定的社会环境中,个人获得了一种安全感和依赖感,并确立了一种以人伦化的个人为中心的个体存在。一旦个人脱离了这种社会关系,个人则会感到孤独和失落。这样,在整个社会层面呈现出的就是一种伦理化的样态,个人身上也表现出明显的伦理化的特征。在一个伦理化的社会中,一方面具有伦理道德意味的权力系统在社会生活中发挥了重要作用,另一方面个人也把伦理道德上的修养作为人生追求的目标。例如,在我国长期的封建社会中,君权、神权、族权和夫权等带有伦理道德特征的世俗权力成了调节社会生活的主要杠杆。而在封建的儒家

---

① 《马克思恩格斯选集》(第1卷),人民出版社1995年版,第67—68页。

思想中,既讲究"修身、养性、齐家、治国、平天下",又把"仁义礼智信"作为做人的基本要求。在佛家思想中,也讲"静心、仁慈、断念、戒贪"等等。可见,伦理社会主要是通过伦理道德来维系的社会,它所需要和造就的也只能是相应的伦理化的个人。

在西方资本主义的形成和发展过程中,随着商品交换的市场经济逐渐取代自给自足的自然经济,原本居于维系社会生活中心的伦理道德的感性调整就不得不屈从于法律法规的理性规范。这是因为与自然经济不同,市场经济条件下人们之间的关系不是自然、朴素的关系,而是在市场中生发的自觉自为的关系。由于这种关系是因利益竞争所引起,不再受以往地域的局限,因此,一方面它因缺少了邻里之间的感情基础而显得更为松散,另一方面它比起人们彼此之间的感情关系也显然具有更强的对抗性。这样,人们在市场中就必须以独立个体的形式来承担起相应的责任,并加以理性规范,从而使得人们彼此之间的关系变得日益明晰和确定。与此同时,以人们内在自律为根据的伦理道德的柔性调整就不得不让位于外在强制的法律法规的刚性制裁。否则就无法消解人们之间因利益而引起的相对紧张的对抗关系。所以,一个社会之所以会从伦理社会走上法制化的轨道,是由人们经济生产形式的改变所决定的。由于人们的生产形式不同,人们彼此之间结成的关系也不相同。在对人们之间不同的伦理关系和法制关系的调整中,便呈现出伦理社会和法制社会两种不同的社会样态。

由此可见,在市场经济中,为了保证市场经济的有效运作,市场本身就需要具有规范性,即使人们心目中期望感情、感性力量的作用,保持着对伦理道德的良好愿望,但市场却绝不能以感情、感性或者伦理道德来操作。这倒不是说市场就不需要感情、感性,不需要伦理道德,而是说市场中的感情、感性必须以理智、理性为前提,伦理道德必须以法律法规为基础。在市场中,我可以把货物低价卖给你,但不会白白送给你;我也可以把东西借给你,但必须履行必要的租赁手续。如果说在封建的伦理社会中,人们把伦理道德奉为最高准则的话,那么,在市场经济中,人们则是把法律法规奉为最高准则。在伦理社会中,法律法规只是起到了一种辅助作用;而在市场经济中,伦理道德也只能起一种辅助作用。倘若不顾伦理社会向法制社会转接的事实,脱离开具体的社会经济形式来谈论伦理道德和法律法规作用的大小,那就不可避免地会造成理论和实践上的混乱,使市场经济难以得到有效的运行。

二、从伦理人格到法制人格

人格是个人存在价值的最为深刻的表现,是个人在社会环境中长期心理积淀的结果。个人的存在是和人格的存在密不可分的。我们知道,个人总是社会中的个人,个人的存在是社会中的存在。与之相应,个人人格也不是与生俱来的自然属性,而是个人在社会生活中长期积淀的结果。一个人在社会中怎样表现自己,他也就以同样的方式展示自己的人格。因此,个人离不开社会,个人人格也离不开社会。社会不仅规定了个人的存在,而且规定了个人人格的存在。当社会相对稳定时,个人人格也相对稳定;而当社会发生转变时,个人人格也会发生相应的转变。个人人格的转变同时实现着个人的根本转变。

一提到人格,人们很容易会把它与人的个性连在一起。其实,人格虽然与人的个性相关,却不等于个性。人格不是个人与生俱来的自然属性,而是在社会中形成的,并且体现着社会的内容。而人的个性是指人的性格、品质、意志、天赋等等。它既有先天的因素,也有后天的因素。人格反映的社会内容表现在不同个体身上,与人的不同个性结合起来,就具有了不同的个人人格魅力。因此,我们对个人人格的认识就必须在社会中去考察它的形成和发展。

迄今为止，人类历史经历了伦理社会和法制社会两大阶段。伦理社会造就的是伦理化的个人，个人人格也相应的具有伦理化的特征；法制社会造就的是法制化的个人，个人人格具有法制化的特征。伦理社会之所以造就的是伦理人格，法制社会之所以造就的是法制人格，是因为个人只有在人格定位上保持与社会的一致，适应社会的需要，才能赢得自我生存空间，从而不至于被社会所淘汰。伦理人格与法制人格的区别不是在于伦理人格只讲伦理，法制人格只讲法制，而是在于把伦理还是法制置于个人社会生活的中心。在一个伦理化的社会中也有法制，而在一个法制化的社会中也有伦理，关键是要看伦理和法制调整面的大小以及它们作用的范围。在伦理社会中，人们之间的关系普遍表现为伦理关系，伦理道德不仅是调节人们之间关系的主要手段，而且在社会生活中发挥着最有效的作用。整个社会呈现出一种感性的宗法特征。具有伦理人格的个人往往把伦理道德奉为个人最高的行为准则和价值目标，把伦理道德作为处理各种社会关系的立足点，并且具有强烈的伦理道德观念和意识。而在法制社会中，人们之间的关系普遍表现为法律关系，法律法规成为调节社会生活的主要杠杆，发挥着最强有力的作用。整个社会呈现出一种理性的规范特征。具有法制人格的个人往往把法律法规奉为个人最高的行为准则和价值目标，并作为处理各种社会关系的立足点，具有强烈的法律观念和意识。也正因为如此，个人对于环境更少具有依赖性，更加具有人格的独立性，具有更强的创造性和自主精神。在伦理社会中，人与人的关系是以人对人的依赖关系为基础的。人们长期处在这种依赖关系中，在行为和观念上就不可避免地受其制约，带有强烈的人伦化的色彩。表现在人格塑造上也是以伦理道德作为个人的价值取向，从而最为深刻地反映出个人的生存样态。而在法制社会中，人对人的依赖关系被人对物的依赖关系所取代。人与人之间不再是一种直接的人身依赖关系,而是通过物所表现的关系。这就使得对物的规定与对人的规定一样成为必要,而对物的规定间接地也是对人的规定。以人对物的依赖关系为基础,社会的人伦化的色彩就趋于淡薄,以法律法规为保障的理性的程序和规范成为市场经济有效运作的基本前提。个人生活在法制化的社会中,其人格塑造就必然带有了理性的法制化的特征。可见,个人人格的变迁绝不是无缘无故的,它是随着社会的变化而变化。人类社会从无序走向有序、从感性走向理性、从伦理走向法制,个人人格也就相应地实现了从伦理人格向法制人格的转接。

就我国的社会状况而言,在我国长期的封建社会中,自给自足的自然经济占了绝对的统治地位,因此,社会具有鲜明的伦理化特征,个人人格也表现为伦理人格。人们在现实生活中首先区分的,是"君子",还是"小人"。即使人们理想中的"圣人"、"贤人"等个人人格,也都是以伦理道德作为判断个人行为是非的标准。新中国成立以后,虽然我国的社会主义经济建设取得了巨大成就,但是,我国却并没有马上走上法制化的轨道。这是因为:一方面我国的经济还是以农业经济为主,人们很大程度上还受着地域性的局限;另一方面社会主义市场的范围也很小,并且受到了计划经济的极大束缚。所以,我国的法律法规在很多方面还不健全,伦理道德在社会生活中仍然发挥主导作用,社会呈现出的还是伦理社会的样态。这样,社会对个人的期望以及个人价值的实现仍然是以伦理道德为核心,表现为大公无私、助人为乐、无私奉献等伦理道德的要求。个人的人格力量和人格精神也只能通过伦理道德的形式表现出来。例如,在上世纪五六十年代树立的雷锋、王进喜等社会主义新人形象都具有全心全意为人民服务的伦理人格的特征。当然,与封建的伦理社会相比,社会主义伦理道德赋有了更新的内涵,社会主义法制建设也取得了一定的成就。但是,由于社会主义市场毕竟还很有限,社会所呈现出的仍然是伦理的样态特征,个人也就只能表现为伦理的个人。随着我国由计划经济向市场经济的转变,市场的规模和范围越来越大,市场理性规范的要求也越来越强烈,这就需要大力加强法制建设。表现在社会生活中,法律法规就显得日益健全和完善,社会越来越呈现出法制化的特征。与之相应,社会对人的要求也在发生变化。原本伦理化社会对人的伦理要求就要逐渐让位于法制化社会的法制要求。这一要求最终积淀在人格上就形成为新型的法制人格。法制人格是以法律法规为支点的个人人格,拥有法制人格的个人必须以遵纪守法为最高准则,这样才能规范人们的市场行为,保证市场的有效运行。通常人们有一个误解,以为遵纪守法是对人的最基本要求,伦理道德才是更高的要求。造成这种误解的原因在于人们仍然站在伦理道德的基点上来看待现实社会,没有注意到伦理社会向法制社会转变的趋势,把法律法规建设仅仅看成是量的增加,而不是质的变化。事实上,由于我国法律法规的不断健全和完善,使得我国正在逐渐由伦理社会走向法制社会。因而对伦理道德和法律法规不能简单地从好坏、高低来看,而是要看到它们在不同社会样态中的地位和作用。

我国目前正处于社会的转型时期,社会中还存在着许多不稳定因素,人们在人格塑造上也带有很大的偶然性。一方面人们原有的伦理道德信念受到了冲击,容易出现抉择上的犹疑和彷徨;另一方面新的法制观念还没有完全建立起来,个人在人格定位上还缺乏足够的支撑。这就需要我们在社会转型的同时不断加强人格转型的自觉性,不仅要有社会转型意识,而且要强化人格转型意识,从而使个体人格的塑造尽可能地与社会发展的趋势相一致,理解和接受人格转型的必然性。倘若人们仍然一味固守原有的人格地盘,思想观念总是滞后于社会的发展,那么,人的主动性和积极性就难以得到充分发挥,就无法满足市场经济建设的需要。

　　总之,我国目前尚处在社会的转型时期,伦理人格向法制人格的转型还只是一种趋势。然而,只要我们继续坚持社会主义市场经济建设,沿着法制化的轨道走下去,这种趋势就必将成为一种现实,从而在社会发展的同时,实现人的发展。

第十七章　道德变迁与人格重建

在迄今人类所经历的社会形态中,人类所具有的一切人格范型无论就其社会层面,还是个体层面都与伦理道德密切相关。然而在不同的历史时期,伦理道德在人格中的地位和作用又是不尽相同的。在动态中考察道德与人格之间的关系,不仅是我们把握不同类型人格内蕴的关键,而且对道德建设以及个人发展都具有十分重要的意义。

一、人格与道德

在日常生活中,人们对于人格的理解往往带有很强的伦理道德色彩,所以只要一提到人格,就会与个人的品德、品格和品质等等联系起来。当我们说一个人具有人格魅力时,通常是指一个人品德高尚、具有特殊的气质、品格或者堪为道德的楷模等。即使在理论界,人们也经常把人格理解成道德人格,把道德因素看成是构成人格的基本层面。这就无形当中给人们造成一种错觉,以为讲人格就是讲道德,而讲道德就是讲人格,从而把人格道德化,道德人格化了。而事实上,虽然人格中必然地包含着道德的内容,但是道德既不是构成人格的唯一因素,也不是固定不变的因素。尽管表现在一个人身上的人格力量具有持久性,但构成人格的因素(包括道德因素)却不是固定不变的,它是随着社会历史的变迁而变迁的。因此,正确看待道德因素在人格中的地位和作用,对于我们今天人格的培养和重塑都具有十分重要的意义。

首先,把道德与人格紧密联系起来,是在人类长期的历史发展过程中形成的。按照美国人格心理学家普汶(又译珀文)在《人格心理学》中的定义:"人格是个人在对情境作反应时,所表现的自身的结构性质与动态性质"。① 也就是说,人格表示一种使个人有别于他人的具有持久性的特征。姑且不论这一定义是否准确,但有一点可以肯定的是:这一定义说明了人格与社会环境之间存在着内在的、必然的联系。也正如马克思所说:人始终是社会性的动物,而且只有在社会中,人才能保持自身的存在。在前资本主义时期,人类长期处在自给自足的自然经济的条件下,人们之间很少有买卖和利益冲突。在这种情况下,人们之间的关系相对缓和,因此,统治阶级主要依靠伦理道德作为调节整个社会生活的手段就足以维持自身的统治(特殊时期如战争或政权建立初期除外)。在西方社会,宗教伦理发挥着极其重要的作用。而在我国长期的封建统治时期,伦理道德在社会生活中所发挥的作用更是显而易见的。在这一时期,作为个人对社会生活的一种反应方式,个人人格中道德的因素就必然占有重要的地位,并且成为人格的主要特征,我们甚至可以把这一时期的人格就称为道德人格。所以,把人格与道德联系起来本身并没有错,错就错在以为只能通过道德来理解人格,在人们的人格观念和人格意识中,形成一种根深蒂固的道德人格思想,并且把这种思想当成了固定不变的思想。在今天,如果我们把人格仍然理解成就是道德人格,这不仅会造成对人格理解上的狭隘,而且会严重阻碍新人格的形成。

其次,构成人格的因素有多种,而不只是道德一种。人格作为在

---

① [美]普汶:《人格心理学》,郑慧玲译,台湾桂冠图书股份有限公司1985年版,第43页。

实践基础上个人对于环境的一种反应,它既不是无中生有的,也不是与生俱来的。所以,在社会生活中所存在的一切因素,在人格中都会有所表现。这就是说,人格是在经济的、政治的、文化的、道德的、宗教的、法律的等诸多因素的共同作用下形成的个人身上稳定持久的行为特征。一方面,人格中所包含的各种因素的地位和作用是不尽相同的,它们同时又是不断变化的,在一定时期地位和作用较大的,在另一个时期地位和作用会变小;反之,在一定时期地位和作用较小的,在另一个时期地位和作用可能会变大。例如在一个时期宗教因素居于主导地位、具有决定性的作用,在另一个时期道德因素则可能取代宗教因素居于主导地位、具有决定性的作用,也有可能宗教和道德结合起来,共同居于支配性地位,如欧洲中世纪的宗教伦理。在发生这种地位和作用的变化时,构成人格的基本因素可能并没有发生任何变化,仍然包括经济的、政治的、文化的、道德的、宗教的以及法律等因素;另一方面,虽然人格构成的因素是相对稳定的,但是由于人类社会生活本身是变化的,所以,人格构成因素也会发生相应的变化,并增加进新的内容。例如,在法律出现以前,人格中并没有法律的内容;只是在社会生活中出现了法律之后,在人格中才有了对法律的反映。而且随着社会生活的发展,法律发挥着越来越重要的作用。以至于在今天的社会生活中,法律逐渐取代了道德成为调节社会的主要手段。与之相应,在人格中,法律的因素就具有了比道德的因素更为重要的地位和作用。法律地位和作用的提升本身就意味着在市场经济条件下,由于人与人之间利益关系冲突的加剧,主要依靠道德的约束力度已经难以消解人们之间利益冲突的力度。道德可以起到长效的、潜移默化的作用,但是难以在短期内起到“立竿见影”的效果。所以,必须借助法律的强制来确保市场经济的顺利运行。虽然从长期来看,法律最好能够“存而不用”,但是从短期来看,不突出法律的作用就无法保证社会正常有序的发展。因此,人格中法律因素的加强,是特定历史条件的需要和反映。我们可以把这一时期的人格称之为法制人格,用以表明法制在人格中的举足轻重的地位。可见,人格中道德因素的地位和作用不是固定不变的,而是随着社会生活的改变而发生变化。我们不仅要清醒地看到这种变化,而且要看到这种变化对于人类自身所带来的影响,从而更好地实现人类的发展。

综上所述,道德确实是人格构成中的一项重要内容,它在个人人格的塑造上发挥着举足轻重的作用。但是,道德在人格中的地位和作用并不是始终如一的,它必须随着社会的发展而作相应的调整。这种调整一方面要符合社会对个人的要求,另一方面要符合个人对社会改造的需要。只有把这两方面有机地结合起来,才能更好地发挥道德在当今社会人格重组过程中的作用,从而进一步促进社会以及人的现代化的发展。

二、人格重建

人类自身的发展,不是一个消极适应社会的过程,而是在人与社会的交互作用中实现的。人们往往通过自身观念的改造、行为的自觉来达到对社会的能动的改造。起初,这种变化可能是自发的、不自觉的。但是,随着社会的发展,人们就必须在观念和行为上实现从不自觉到自觉的转变。人的现代化不是靠人们的等待实现的,而是在人们积极的创造中实现的。为此人们首先就必须改变旧有的观念,实现观念的现代化,并且付诸实际的行动。在我国目前社会主义市场经济建设的过程中,应该说人们经济观念的改造、经济行为的自觉已经逐步实现,但是,在政治、文化、道德和哲学等领域,人们无论是在思想改造,还是行为自觉方面都与经济领域存在着一定的距离。这就要求我们必须根据时代的发展作出相应的调整和反应,以适应社会发展的需要。就道德而言,在我国目前就迫切需要加强道德的重建工作,尽快实现人们道德观念的改造以及道德行为的自觉。

首先,市场经济建设要求道德的重建。在市场经济建设之前,我们主要通过理想道德的宣传、榜样人物的树立来实现道德教化的目的,而且往往可以取得非常明显的效果。但是,在市场经济建设之后,仅仅通过理想道德的宣传、榜样人物的树立已经很难达到预期的效果、收到足够的成效。在市场经济条件下讲道德,就更需要我们从人们的切身利益和实际生活出发,不能仅仅满足于一般的道德宣传,而是要针对不同的人群,制定出相应的具体、明确的行为规范。在道德建设中,还要讲求道德的效率,即如何以较少的人力、物力的投入来获得较大的道德教化的效果。道德建设适应市场经济的需要,不能仅仅停留在口头上,而是要落到实处。具体来说,在我国目前,就是要大力加强道德的制度化建设,进一步加强道德的规范化、理性化,把人们心目中传统的、模糊的道德理念转变成明晰的、实际的行为规范,把不明确的道德义务变成明确的道德责任,把看似不可操作的东西变成可以操作的东西(之所以不可操作,是因为缺乏具体的行为规范)。与此同时,对道德教化的效果要加以衡量和检验。不仅要看质上的好坏,而且要看量上的大小。总之,通过道德的制度化建设,可以使道德更好地适应市场经济的需要,发挥更有效的作用。

其次,道德重建可以更好地发挥道德的功能,却不能超出道德教化作用的范围。通过道德的重建,可以使道德规范更具体、更明确,更好地发挥道德对社会生活的调节作用。但是,道德的作用毕竟是通过教化潜移默化地实现的。道德的重建可以使道德的功能得到更好的发挥,却不可能做到像法律那样,完全通过国家的强制执行,来规范人们的社会行为。当然,随着我国道德制度化的进一步发展,道德所发挥的作用也将会越来越明显。我国在提出"依法治国"之后,又提出

"以德治国"的方针,从根本上来说,就是要通过政府行为,加强道德制度化建设,使道德更加规范化、理性化、具体化,更能适应新时期的需要,从而使道德和法律相互配合、共同作用,为社会主义市场经济建设提供强有力的保障,以确保社会的繁荣与稳定。

从人格角度上来说,由于传统人格带有明显道德的特征,并且受道德因素的支配,因此,要实现由传统人格向现代人格的转型,道德重建对于道德在新人格中发挥积极作用就具有十分重要的意义。一方面,在新的历史条件下,传统人格将实现向现代人格的转型。在传统人格中,道德居于主导地位、起决定性作用,整个人格具有强烈的感性色彩;而在现代人格中,则是法制居于主导地位、起决定作用,整个人格具有强烈的理性色彩。这种转变不是来自于人们的主观好恶,而是来自于客观的需要。市场经济从根本上讲是一种理性经济,它需要以明确、具体的规章制度来规范人们的社会行为,否则就难以保证市场经济的顺利进行。因此,加强法制化建设,建立完善的法律保障体系势在必行。另一方面,在新人格中,道德的作用不是削弱,而是要加强。由道德人格向法制人格的转型,不是意味着法制的作用增强了,道德的作用削弱了。恰恰相反,道德的作用在新时期中不仅不能削弱,而且要进一步加强。为了适应社会主义市场经济的需要,就必须大力加强道德的制度化建设,从而使道德以更有效的方式发挥作用。只不过道德的作用不能代替法制的作用,道德只有与法制协调、配合,才能为市场经济的顺利进行提供有力保障,为新人格的确立奠定基础。

就我国目前的现状来看,随着社会主义市场经济体制的逐步建立和完善,社会发展和人的发展问题就日益显露出来。社会主义市场经济建设的过程,说到底是实现社会的现代化以及人的现代化的过程。因此,人的发展问题的突出,也就是人的现代化问题的突出,而人格转型则是人的现代化能否实现的关键。换句话说,不能实现人格转型,就不能真正实现人的现代化。而在新人格的塑造中,就必须充分意识到道德所发生的变化对于人格重建的影响。既要考虑到道德已经不构成新人格的基点,不能再以道德化、感性化的尺度作为人格衡量的标准;又要考虑到以法制为基点重塑人格,对人格的其他构成因素所提出的新的、理性化要求。要把法制化、理性化的尺度作为新人格衡量的标准。在今天,为了充分发挥道德的作用,就必须大力加强道德的制度化建设,制定出一系列切合实际的道德行为规范。道德理性化趋向,既是社会现实的客观要求,也是新人格重塑的要求。只有实现道德的制度化,使道德内容从感性到理性、道德规范从模糊到清晰,最终才能促成旧人格的解体,新人格的诞生。

总之,随着我国社会主义市场经济的进一步发展,在社会生活中,道德无论是从作用的方式,还是地位方面都发生了一定的变化,这就对以道德为基点的传统人格产生了巨大的冲击。只有适应时代发展的要求,使人格型态作相应的调整,才能更好地发挥社会各因素的作用,促进社会以及人的进步和发展。

第十八章　地方文化与居民人格塑造

——以江苏省仪征市陈集镇为例

任何个体人格都是在一定的文化背景下形成的，因而在人格中也都包含着一定的文化因素，带有文化特性。文化塑造着人格，人格也体现着文化，文化与人格之间有着密不可分的关系，而地方文化与居民的人格之间具有着更为密切的联系。对江苏省仪征市陈集镇地方文化及居民人格特征的调查研究显示，当地居民的诸多人格特征，都是淮扬文化"百姓日用是道"的生活理念在个人身上的一定体现，也与当地佛教宣传的积善行德思想以及泰州学派注重家庭伦理关系、孝悌为先的思想具有契合之处。注重培育地方文化，充分利用传统地方文化的地缘优势，积极创新地方文化，对居民健康人格塑造具有重要的意义。

一、文化与人格的关联

无论我们是否把文化研究与人格研究结合起来，文化与人格之间的关联都是显而易见的。从这个意义上来说，伴随着文化研究和人格研究的进一步深入，把文化研究与人格研究结合起来就是必然的结果。人们更多的习惯于把这项研究称之为"文化心理学"、"文化人类学"的研究，把它定性为一种交叉性的学科。而在笔者看来，它实际上是属于人学研究的范畴，而不属于交叉学科之列。尽管不少人更乐于把人格研究归入心理学研究领域（事实上在人格研究上的突破也主要是心理学意义上的），但这不能改变这样一个事实，即人格研究是人学研究的一部分，而且是其中最为重要的一部分。站在人学研究的立场上，我们丝毫不怀疑文化对于人格形成的决定性影响，但却不能用文化学的研究代替人学的研究。

应该说文化心理学家、文化人类学家对于文化与人格之间的关联性研究所作出的贡献是巨大的，正是通过他们的研究才使人格的文化特征逐渐明朗。例如著名的美国文化人类学家巴尔诺在《人格：文化的积淀》一书中，对文化与人格之间的关系就作了详细的说明。他不仅对有代表性的文化人类学家，如露丝·本尼迪克特、马林诺夫斯基、玛格丽特·米德、林顿、卡丁纳以及杜波依丝等人的思想作了充分肯定，而且在此基础上提出了许多自己的独到见解。他认为，作为人种学和心理学之间的桥梁，文化与人格这一研究领域所关注的主题是某一社会的文化是如何对在该文化中成长的个人予以影响的。把人格的形成、发展与文化联系在一起，其前提是承认人格具有一致性。林顿的"基本人格类型"、卡丁纳的"基本人格的结构"、杜波依丝的"众数人格"、弗罗姆的"社会性格"、本尼迪克特的"酒神型文化"和"日神型文化"等都指向一个基本事实，即人们在相同的社会文化背景下有着基本相似的人格特征及行为模式。在这里，思想家们注意到了社会的文化因素对个人人格形成和发展的影响。事实上，也就是承认了人格是社会文化对人的塑造。尽管在具体的叙述上存在差异，但他们均表达了对于文化与人格之间关系的密切关注。而随着社会的进一步发展，文化与人格的关联也越益紧密和显露。

巴尔诺同时还对文化作了定义，他说："一文化是一群人共有的生活方式，是全部多多少少定型化了的习得性行为模式组成的构型，这些习得性的行为模式凭借语言和模仿代代相传。"①从这一文化的定义上，我们也可以清楚地看到文化对于个人生活的根本性影响。他认为一个社会的文化为人们提供了应付这个世界的手段，提供了人们对于这个世界的主要看法，但它也可能对个人产生威胁性的影响，例如有关鬼魂、恶神、巫术的信仰，都可能使人产生世界是危险的、邪恶的看法。人类如果没有文化将会丧失自己，但当人类从文化中获益良多之际，从某种程度上看，他也经受了其所由以出生的文化的塑造。他说："人是最高程度的社会存在，这一点并不与他同时是最高程度的个体的存在这一事实相矛盾。人作为文化的创造物是社会的；人作为文化的创造者是个体的。"②可见，个人不是脱离群体才成为个体，相反，他只有在群体中，在自己的创造性的劳动中才成为一个真正的个体。从人格的角度来说，不是个人脱离社会才能保持自我的独立人格，而是个人在参与社会的创造过程中才能塑造自我人格。在现代社会中，个人不能只是满足于在日常生活中形成自发人格，而应在积极的行动中塑造自觉人格，既做一个社会积极的参与者，又做一个个体人格积极的创造者。

著名文化人类学家兰德曼对人的本质以及人的塑造问题也提出了独到见解。他认为："与动物形成对比，人在本质上是不确定的。就是说，人的生活并不遵循一个预先建立的进程，而大自然似乎只做完一半就让他上路了。大自然把另一半留给人自己去完成。"③"人不是一义确定的，人可以并必须塑造自己——正是这一点才是自我解释对人的存在具有影响的基础。自我解释成了对自我塑造进行调节的理

---

① V. 巴尔诺：《人格：文化的积淀》，周晓虹等译，辽宁人民出版社1988年版，第6页。

② V. 巴尔诺：《人格：文化的积淀》，第220页。

③ 米夏埃尔·兰德曼：《哲学人类学》，张乐天译，上海译文出版社1988年版，第7页。

想和目标。人在两个方面是他自己的创造者：他创造自己；他也决定把自己创造成什么。"①而这种创造就是通过文化来实现的。这表明：人不是像动物那样完全是由先天规定的。动物是大自然的产物，因而它是确定的；而人则还是人的杰作，因而他是不确定的。尽管在人的形成过程中，大自然的作用也不可忽视，但人自身在人的塑造上则起了决定性的作用。这就客观上要求每一个人类个体都必须积极参与人的创造。不仅参与自己的创造，而且参与他人的创造。人的发展状况就取决于人的创造活力，取决于人对自我塑造的程度。

与社会学家不同，卡西尔则从哲学的角度探讨了人作为文化存在的意义，他认为人的高明之处在于能够制造和使用各种抽象的诸如语言、艺术、神话、宗教等等不同形式的符号。借助于这些符号，人设计了一个超越于现实世界的更为广阔的世界，即"符号的世界——人类文化世界"。这使人"不再生活在单纯的物理宇宙中，而是生活在一个符号宇宙中"。② 正因为如此，人作为一种文化的存在既能够立足于现实，又能够打破现实的束缚和限制，创造一个理想的世界。从人格的角度来说，因为文化的多样性和多元化，人格也具有多种不同的向度。但是，我们可以通过人的文化创造的力量，使人格的发展向度与文化的发展向度尽可能统一起来，发挥文化的理想创造的力量来优化人格形态。把文化与人格联系起来看，一个时代文化的力量有时就是人格的力量，在文化中我们可以找寻到这个时代人格的影子。从这个意义上来说，对文化的创造，只有在与人的塑造相结合时才能更具有意义和价值；相反，文化创造一旦脱离人，变成了个人的私有财产和资本，带来的只能是对人的消解和破坏。在人格塑造中，我们也要尽可能地避免低俗文化对于人格形成的影响。

①　米夏埃尔·兰德曼：《哲学人类学》，第7—8页。
②　恩斯特·卡西尔：《人论》，甘阳译，上海译文出版社1985年版，第68页。

德国当代著名思想家彼得·科斯洛夫斯基（Peter Kozlovskiy，1952—　）则认为文化影响着人，但它并不是固定不变的。文化为人所创造，因而它也为人所培植。"广义而言，一切文化领域，一切人从其自身及其世界中所创造的东西，以及人对这些东西的所思及所说，都是可以培植的"。[①]人在培植新文化的同时，也在通过新文化培植着自身。总之，人与文化是相互培植的。

由上可知，研究文化与人格彼此间的相互关联是人格研究的题中应有之义，也是人格研究的一个不可或缺的环节。尽管思想家们对文化与人格关联性研究的侧重点不同，但是他们都强调了文化对人格的形成与发育具有的重要影响作用，特别是对后天形成的一些人格特征，如性格、价值观等等所具有的明显影响作用。因此，把人格放在一定的文化背景下去研究是我们把握和认识人格的一条重要途径。

二、陈集镇的文化传统及其对居民人格的影响

如果说文化对个体人格的形成和发展具有决定性的影响，那么地方文化在个体人格的形成和发展过程中就具有更为重要的意义和价值，它更直接、更鲜明地通过个体人格表现出来。事实上，文化人类学家的研究表明，特定的群体文化对生活在这个群体中的个体人格的形成和发展具有重要的影响乃至决定作用。为了了解目前江苏省农村居民的人格现状，我们专门以苏北仪征市陈集镇农村居民为对象进行了问卷调查。在此次问卷调查表中，我们特意设计了有关地方文化与人格关联性的问题，本章就调查中涉及的地方文化与人格的相关内容进行分析，以初步形成对地方文化与农村居民人格之间内在关联性的认识。

---

① 〔德〕彼得·科斯洛夫斯基：《后现代文化——技术发展的社会文化后果》，毛怡红译，中央编译出版社1999年版，第12—13页。

陈集镇原名大唐村,宋、元时又叫孟家岗。明初有位叫陈琰的御史曾居于此,遂改名陈御史集,简称陈集。陈集地处蜀岭余脉,由西蜿蜒向东即抵扬州平山堂。它又与安徽天长县、江苏邗江、六合两县毗邻。这一特殊的地理位置,使其商业相当发达,曾为扬州西山十三集的中心。清代江甘食盐总店就设在陈集,负责经销扬州西北乡各集镇的食盐,这个总店直到嘉庆四年才移至扬州。集上还有三家当铺,周围一些集镇的农户居民都到这里来典当衣物等。集上不少居民都有临街铺面,或自己开店或租赁给外来商人。其中布店最多,次为五洋杂货店,前人有诗描写当时的景况是"山乡经纪重营生,列肆家家铺搭门,布店生涯兼杂货,中间犹著卖盐盆"。此外,还有粮行等。每当逢集,四乡农民和商贩都来赶集,非常热闹。直到抗日战争爆发之前,陈集仍然是周围的商业中心,仪征、六合、天长三县边缘地区的小城镇都到陈集进货,四乡的农产品也在这里集中运往扬州,市面十分繁荣,故有"小扬州"之称。① 目前,陈集镇也是仪征北部地区行政、教育、商贸、文化中心,因此在苏北农村具有一定的代表性。

陈集镇现有 14 个行政村、1 个街道办事处、4 个街道居委会、401个村民小组,全镇总户数 13013 户、现有人口 38300 余人,男性 19600余人,城镇居民近 5000 人,镇域面积 82 平方公里,其中集镇建成区面积 11 平方公里,建成区总人口 13600 人。虽然该镇生产总值逐年增长,但仍然属于经济欠发达地区。

此次调查共发放问卷 350 份,回收 335 份,有效问卷 330 份。男性占 64.8%,女性占 35.1%;20 岁以下占总调查人数的 1.5%;20—29 岁占 6.6%;30—39 岁占 23.6%;40—49 岁占 60.3%;50—59 岁占6.6%;60—69 岁占 1.2%。

---

① 潘宝明:《淮扬文化概观》,南京师范大学出版社 1997 年版,第 274 页。

此问卷第 1 问显示被调查者 57.2％是初中文化,24.2％是高中文化,19.7％是小学文化,3％未上学,1.8％是高中以上文化;因为此次调查为随机调查,因此从这里可以看出在陈集镇地区农村居民初中文化程度的居多,高中以上文化程度的偏少。这说明文化程度较高的人才很少有人愿意在乡镇一级工作,仅有的高中以上学历的人才大多不是集中在中小学校,就是作为后备干部培养的下放干部或大学生。此种状况表明该地区农村居民总体文化水平不高,尤其是高学历层次的农村居民更是凤毛麟角。

调查问卷第 7 问是您认为现代农民具备什么文化程度更合适?54.8％的被调查者选择了高中或中专;20.6％的被调查者选择了大专;9.6％的被调查者选择了大学本科及以上;14.8％的被调查者选择了小学和初中。此选项表明:绝大多数的被调查者对现代农民文化水平的定位是高中或中专学历,这也反映了当地农村的实际情况。在陈集镇农村居民大部分仅为初中文化水平的前提下,他们把高中或中专学历作为现代农民的文化程度的需要也就不足为奇了。还有少部分人认为小学和初中文化即可,种田不需要太多文化。这一方面反映出他们对自身的文化水平普遍感到不足,有进一步提高个人文化水平的期望;另一方面也反映出一部分被调查者在认识上还具有一定的局限性,为了适应科学种田和建设社会主义新农村的需要,农村居民的文化程度有待进一步提高,同时需要增加高学历层次人才的人数,以满足社会发展的需要。

在调查问卷表中第 13 问是您认为个人发展和地方文化关系大吗?48.4％的被调查者认为关系大,44.2％的被调查者认为关系一般,7.2％的被调查者认为没有关系。从调查结果显示,虽然被调查者文化程度不是很高,但是他们大多数人都能认识到个人发展与地方文化具有关联性,只有极少数人认为个人发展与地方文化没有关系。从这里可以看出：对于绝大多数被调查者来说，他们具有地方文化和个人发展之间存在着一定关系的意识，但是不少人对于它们之间到底存在什么样的关系认识还不是很清楚。这表明：一方面被调查者受自身文化水平的限制，对地方文化的了解和认识还不够；另一方面地方政府在地方文化的整理、宣传和利用上也有待进一步加强。各级地方政府不仅要重视基础设施建设，而且要重视文化建设，弘扬地方文化的优良传统，充分发挥地方文化的积极作用以及文化的地缘优势，积极推进地方政治、经济和文化的协调发展。

江苏是一个文化大省，其文化多姿多彩，源远流长。在江苏地方文化中，楚汉文化、吴文化、淮扬文化和金陵文化等都各具特色，各有风采。对地处苏北的仪征市陈集镇农村居民来说，对他们影响最大的无疑是淮扬文化。相比于楚文化的豪放壮美，吴文化的柔情开放，淮扬文化则多了一份百姓日用的实在。淮扬文化主要流传于今扬州、泰州一带，扬州不仅有自己的文化——淮扬文化，自己的饮食——淮扬菜系，而且有自己的戏曲——扬剧，此外还有淮剧、越剧、木偶戏等。在淮扬文化中占重要地位的就是泰州学派。泰州学派是在明朝中后期，由泰州安丰场人王艮创立。泰州学派的核心思想是"百姓日用即道"，它注重顺应自然，把"道"从天上拉到了人间，强调道不是虚无缥缈的东西，而是就存在于百姓的日常生活之中，是一切"愚夫愚妇"都"能知能行"的。王艮不是把圣人之道与百姓对立起来，而是认为圣人的责任就在于满足百姓的要求，这体现了小市民阶层要求个性解放的强烈愿望。泰州学派还十分强调家庭伦理关系，认为"百姓日用即道"乃"孝悌而已"。这些都对当地百姓诚实守信、勤俭持家、尊老爱幼的民风民俗的形成具有重要影响。除此之外，泰州学派还发展了平民教育，主张有教无类。这对于形成该地区此后长期对教育的重视有着密切的关系。

清末民初还出现了新泰州学派，又称泰州教、太谷学派。新旧泰州学派都有积极用世的献身精神和修身立命、不受寿夭限制的观点，都肯定人欲是自然的合理要求，反对"去欲存理"的宋明理学；都认为君位可以改变，反对极端君主专制；都推行改良主义、实行乌托邦试验；各自在平民教育方面的举措也大体相似；都将孔孟正统学说从前人所宣扬的经学、理学、心学，转到强调"身学"上来，强调人的主体性，并将这种学说广泛传播于平民百姓之中。

陈集镇也是佛文化的传播地之一，陈集有专门的寺庙——地藏寺，它位于陈集镇镇南，始建于唐代，毁于五代十国，宋代重建，又毁于宋元战火，明初重建，隶属于九华山管理。清末扬州高旻寺大法师来果曾来此传经，塑有藏身像一尊，后将地藏寺列为高旻寺下院，至战乱期间被毁。1939 年，本澄等佛家人士为恢复古刹，自筹资金重修地藏寺，建大雄宝殿及寮房十六间，后因破"四旧"被毁。2002 年，觉熙法师在当地信众的支持下，重建地藏寺。在此次调查问卷中，第 2 题是您的信仰。有超过半数以上的被调查者选择了没有信仰，但却有 6.3% 的被调查者选择了信仰佛教，可见佛教在当地的影响甚大。佛教所宣扬的行善积德的思想对于当地农村居民淳朴的乡风民俗的形成具有不可忽视的重要作用。

问卷的第 14 问是您认为地方文化如楚文化、吴文化或淮扬文化对您影响最大的在哪些方面？37.8% 的被调查者选择了诚实守信，27.5% 的被调查者选择了做事认真勤劳，23.6% 的被调查者选择了与人为善，7.2% 的被调查者选择了勇敢坚强，3% 的被调查者选择了好勇斗狠。从该问题显示：绝大多数被调查者认为地方文化对个人的影响在做人做事上。在做人方面是诚实守信，在做事方面是认真勤劳。从调查中还显示，不同的地方文化对于不同的个人的世界观、人生观以及性格、个性的形成都具有重要的影响。个人自我人格意识的提升不仅需要充分发挥地方文化的积极作用,而且需要去除地方文化中的一些消极因素,进行积极的文化改造,给予个人以新的人文精神的熏陶。

第19问是您认为对您人生影响最重要的因素是什么? 50.6%的被调查者选择了父母家庭,17.8%的被调查者选择了地方文化,11.8%的被调查者选择了亲朋好友,5.7%的被调查者选择了老师学校,2.4%的被调查者选择了报刊杂志、广播电视,0.9%的被调查者选择了他人社会。这项调查显示了被调查者对他人社会的影响并不十分看重,相反,对父母家庭对个人的影响却极为看重。而值得注意的是,在被调查者中有接近18%的人选择了地方文化,把它看成是除父母家庭外对个人人生影响最重要的因素,这从一个侧面也反映了地方文化对于个人人生成长以及人格养成的重要性。

第26问是在生活中,您对自己的生活态度是什么? 70%的被调查者对自己基本满意,不太在意别人的看法,14.5%的被调查者常常担心自己被别人瞧不起,10%的被调查者非常自信,有时瞧不起别人,5.4%的被调查者对自己非常不满意,常常感到自卑。调查结果显示陈集镇大部分农村居民对自己的生活基本满意,这是他们安居乐业和知足长乐的表现。只有极少数人对自己的生活真正感到不如意,有自卑感。从这里也间接反映出淮扬文化注重日常生活、积极乐观的精神对居民的影响。

根据我们的调查结果显示,陈集镇居民人格主要体现出如下特征:第一,在思想上,相对保守,易于满足,缺乏开创冒险精神,但又不完全墨守成规,消极悲观,有着对美好生活的憧憬;第二,在道德品质上,诚实守信,吃苦耐劳,与人为善,但并不完全逆来顺受,开始懂得维护自己的合法权益;第三,在行为上,通常以自我或家庭为中心,渴望获得自我认同,对集体活动积极性不高,自我封闭性较强,但又不安于现状,希望通过诚实劳动来改变自己的命运。在以上特征中,无论是在思想上对生活的满足感,还是在行为上以自我和家庭为重,都是淮扬文化"百姓日用是道"的生活理念在个人身上的一定体现。尤其是在道德品质上诚实守信,吃苦耐劳,与人为善等等受传统地方文化的影响更为突出和明显,这与当地佛教宣传的积善行德思想以及泰州学派注重家庭伦理关系、孝悌为先的思想都具有契合之处.

三、居民人格塑造

从上可知,地方文化与当地居民的人格状况有着密切的关联,因此地方文化的有效培育对于居民的人格培养具有十分重要的意义和作用。从总体上来说,培育地方文化对于居民人格塑造具有如下意义:

第一,充分发挥传统地方文化的地缘优势,体现地方居民人格特点。在文化人格学家看来,由于受不同文化的影响,人们在价值取向、理解方式等方面都会产生一系列的变化,从而形成不同的应变机制和应变能力。正因为如此,处在相同的地缘文化背景中,长期受此影响就会产生与之相应的人格特征。这就要求我们能够对传统文化加以积极有效的挖掘和利用,取其精华去其糟粕,使优秀文化传统实现在个体人格中的积淀,并通过该地区居民的人格特点体现出来。

第二,积极创造符合社会发展的地方新文化,为个体人格塑造提供良好的文化土壤。个体人格的塑造离不开周围的文化氛围,尤其是地方文化,对个体人格塑造具有更为直接的影响和作用。在一个相同的社会大背景下,除了受整个社会文化的大环境影响之外,居民人格很大程度上还要受地方文化小环境的影响。它不仅影响着居民的性情、喜好,而且影响着居民的品格、意志。因此,我们不仅要注重社会整体文化的发展,同时还要积极扶持和培育具有特色的地方新文化,为居民个体人格的培育创造有利的文化氛围。

第三,实现地方文化的有效整合,促进文化产业的发展,为居民人格发展提供有利条件。从大文化的角度来看,文化是人格生长和发育的基础,它是人格塑造所必不可少的因素,某种意义上可以说没有文化就没有人格。而如何培育地方文化并有效发挥地方文化的作用就更显得举足轻重。一方面要继承地方文化的优良传统,另一方面要实现地方文化的开拓和创新,并且实现两者的有效整合,发挥地方文化的整体优势。为此就必须注重文化产业的发展,通过文化产业来带动地方文化资源的开发和利用,激发文化创新的积极性。

就目前该地区的实际情况而言,为了使该地区居民的人格沿着积极、健康的道路发展,首先就必须大力发展生产力,促进经济发展,为文化建设提供必要的物质保证。其次要大力加强文化产业建设,不断提高该地区的文化产业水平和竞争能力。有研究表明:江苏省文化产业发展综合竞争力存在明显的区域性差异,苏南地区发展情况最好,苏中次之,苏北最弱;文化产业竞争力与经济发展水平、非农人口比重呈正相关。[①] 陈集镇地处苏北地区,属江苏省文化产业竞争力最弱的地区之一,究其原因,主要在于该地区经济尚不够发达,文化产业的投入不足,意识不强,重视程度也不够。这就需要加强引导、合理规划、积极变革。最后还要加强人们的日常生活改造和个人自我的完善。由于文化产业建设不足,个人文化娱乐设施较少,被调查者中大多数人都以看电影、电视以及打牌、打麻将来消磨时间,文化娱乐方式平淡单调,个人日常生活也缺乏生机和活力。

总之,我国目前正处于社会的转型时期,社会正处在一个变革的时代,个人只有顺应社会历史条件的变化,积极参与社会变革,才能有

---

① 顾江、胡静:"江苏文化产业发展综合竞争力研究",江苏社会科学,2008 年第 4 期。

利于个人与社会的同步发展。从人格塑造角度来说，针对陈集镇农村居民人格的现状，有必要增强其人格的自觉性和积极性，化被动为主动，积极发挥地方文化的优势，同时培育社会主义新文化，只有这样才能顺应我国新农村建设的需要，培养出积极、健康的现代农村居民的新人格，更好地促进个人和社会的发展。

第十九章　校园文化建设与大学生人格培育

　　人格培育是社会转型和人的现代化发展的双重需要,而校园文化建设则是大学生人格培育的前提条件。作为文化的产物,个体人格从根本上来说是文化的积淀,离开了文化,就没有个体人格的存在。校园作为大学生学习和生活的主要场所,它的好坏直接影响着大学生的成长和发展。而校园文化则在大学生人格的形成和发展中具有重要地位和作用。只有搞好校园文化建设,大学生的人格培育工作才能顺利进行,并且收到好的成效。

一、文化对人格的影响

　　文化与人格研究又称心理人类学,主要研究文化如何通过对个体心理和精神的作用来塑造个体人格以及个体人格如何表现文化内涵。作为文化人类学的一个分支学科,文化与人格研究始于 20 世纪二三十年代,在其发展过程中经历了几个不同的阶段。第一阶段是文化决定论,代表人物是美国文化人类学之父博厄斯和他的学生米德、本尼迪克特和萨丕尔等人。这一理论主张决定人类行为模式的不是遗传因素,而是文化因素;不同的文化背景塑造不同的人格,形成不同的行为模式,有什么样的文化就会造就出什么样的人格;童年期的教养方式和社会环境对人格形成起决定性的作用等。文化决定论试图把文化与人格结合起来以弥补文化人类学和心理学研究的不足。因为在此之前文化人类学家注重对文化制度的研究而忽视文化主体的研究，而心理学则走向了反面，注重个体研究而忽视其文化背景的研究。然而，虽然文化决定人格论在文化与人格之间建立了联系，但是它却夸大了文化的作用，把人格看成是消极被动地受文化决定的产物。第二阶段是文化与人格的交互作用论，代表人物是林顿、卡丁纳和杜宝娅等人。这一时期思想家们开始关注文化与人格的交互性，不再把文化与人格看成是简单的因果关系，而是在社会、文化和人格的三者互动中把握人格的塑造问题。他们不仅关注文化是如何作用于人格的，而且关注人格是如何影响文化结构的。第三阶段是变化补足理论，代表人物是安东尼·华莱士。华莱士认为个体的社会化过程并不是简单的世代之间的复制，而是一个非常复杂的过程。社会成员的社会行为表现可以是一致的，但是他们的心理动机却可能存在很大差异。在一个社会中，人与人之间未必要有相同的动机或了解彼此间的动机，重要的是每一个人的社会行为在一定程度上是可以预见的。

从以上研究可以看到文化与人格研究理论有一个不断发展和完善的过程，思想家们通过对文化与人格关联性的研究，越来越深入地揭示了人格的形成机制和发展趋向。尽管不同思想家们的观点具有差异性，但是他们几乎都一致指认了文化与人格之间存在的内在关联，并把文化与人看成是相互规定和作用的存在。正如哲学人类学家兰德曼所说："文化没有人去实现它就不会存在。但是人没有文化也将是虚无。每一方都对另一方有不可分离的作用。任何把两个互相交错的部分从整体中分离的尝试都必然是不自然的。"[1]

事实上，只要我们考察个体的行为模式，我们就会发现它总是与

---

[1] ［德］米夏埃尔·兰德曼：《哲学人类学》，张乐天译，上海译文出版社1988年版，第219页。

个体生活其中的特定的文化背景有着密切的联系。人既受一定文化背景的制约，同时又能打破这种制约，为自己创造一个更为广阔的空间。这就客观上要求我们在人格塑造过程中不能忽视文化的作用，必须把人格培育与文化建设有机结合起来。

从我国目前的实际情况来看，随着社会主义市场经济体制逐步建立以及现代化进程的推进，迫切要求加强人格培育，以顺应社会发展的需要。这是因为社会的转型使得人们原有的人格范型越来越受到冲击，不再能很好地适应社会发展的要求；与此同时社会也呼唤新人格的形成，需要实现人格的转型。然而，就目前我国个体人格的实际状况来看，还存在着很大的不确定性。"一方面人们原有的伦理道德信念受到了冲击，容易出现抉择上的犹疑和彷徨；另一方面新的法制观念还没有完全建立起来，个人在人格定位上还缺乏足够的支撑。这就需要我们在社会转型的同时不断加强人格转型的自觉性，不仅要有社会转型意识，而且要强化人格转型意识，从而使个体人格的塑造尽可能地与社会发展的趋势相一致，理解和接受人格转型的必然性。倘若人们仍然一味固守原有的人格地盘，思想观念总是滞后于社会的发展，那么，人的主动性和积极性就难以得到充分发挥，就无法满足市场经济建设的需要。"①因此，人格不仅具有可变性，需要塑造；而且具有可塑性，可以塑造。而人格塑造的基本途径则是加强文化建设，为个体人格形成提供良好的文化环境，并通过文化与人格的双向互动，才能最终实现人格转型。

二、校园文化建设与大学生人格培育

从以上文化与人格的关联性上，不难发现人格培育离不开个体的

---

①　徐强：《人格与社会》，南京师范大学出版社 2004 年版，第 140 页。

文化背景。从这个意义上说,人格的塑造首先必须加强文化建设。而对于大学生来说,人格培育最为重要和关键的就是加强校园文化建设,为他们提供良好的外部文化环境。

就一般情形而言,与个体形成互动的文化层面有三个,即社会、学校和家庭。因此文化建设也应包括社会文化建设、校园文化建设以及家庭文化建设。本章着重说明校园文化建设对大学生的人格培育具有更为直接的作用。社会文化建设和家庭文化建设对于个体人格的形成和发展也具有重要作用,它们与校园文化一起形成整体文化结构共同影响着个体人格的塑造。

人格是一个人的各种特质的综合体,通常是指人的性格、气质、能力等个性心理特征以及需要、兴趣、理想、信念、世界观等个性心理倾向。个体人格在不同情境中会通过个体的不同行为模式表现出来。对人格的培育,就是要形成个体健康的心理特征和积极向上的心理倾向。基于此,校园文化就需要通过有针对性的建设,为大学生人格培育提供良好的外部环境。

校园文化是社会文化的一种特殊形态,它是社会文化的一个组成部分。与其他社会文化相比,校园文化具有更强的育人功能,本身就担负着培育青少年健康人格的责任。同样,校园文化建设也是社会文化建设的一部分,在人格培育方面具有不可替代的地位和作用。由于校园文化的特殊性,因此加强校园文化建设就显得尤为重要。对于学校来说,校园文化体现着学校的灵魂和办学理念,比起知识而言,它对学生的影响更持久更深远。校园各种文化因素相互作用所产生的文化力会对教职员工和学生产生振奋和激励作用。

在大学生人格培育过程中之所以要加强校园文化建设,一个重要原因在于校园文化越来越变得多样化。在校园主流文化之外,快餐文化、网络文化、短信文化、寝室文化甚至课桌文化等非主流校园文化形式越来越对主流文化产生一定冲击。这就要求必须处理好主流文化与非主流文化的关系，一方面坚持主流文化的方向，形成积极健康、乐观向上的文化氛围，另一方面加强主流文化对非主流文化的引导，实现主流文化与非主流文化的多元融合，尽量减少非主流文化的消极性，增强它的积极性，从而创造更加和谐文明的校园文化，以更有效的方式达到对大学生教育影响的效果。

从广义文化的角度来看，文化包括物质文化和精神文化，因而校园文化建设主要包括物质文化建设和精神文化建设两个方面。校园物质文化，是指由校园物质因素如教学、生活设施、建筑、雕塑等所体现出的文化，它是一种显性的"可视"文化；校园精神文化是指由校园的精神因素所体现出的文化，如学校的办学理念、规章制度、校风教风学风、校史校训等，它是一种隐性的"潜在"文化。简单地说校园文化建设包括显性的"可视"文化和隐性的"潜在"文化建设。校园物质文化既是校园精神文化的基础，同时又体现着精神文化。校园物质文化建设的好坏会直接影响到校园精神文化的建设，而校园精神文化建设又会推动物质文化建设。

校园物质文化建设包括：学校的整体结构和布局、建筑设计风格、雕塑选择、校园绿化和美化、校徽校服、标语牌、橱窗设计、阅报栏、教室布置等。校园物质文化建设的好坏，将直接影响着学校物理环境的优劣。有研究表明：单调、阴沉、刻板的物理环境容易使人思维抑制并产生忧郁的心情，而丰富、生动、优美的环境则能提供大量的视觉提示，使人思维敏捷、心情舒畅。一个温馨、整洁、舒适的校园环境会激发学生的潜能和热情，不仅有利于学习生活，而且有利于身心健康、交往与合作。因此学校应注意通过一切可能的途径加强物理环境等"硬件"设施建设，力求为学生营造一个宽松、愉悦的氛围。当然，校园物质文化建设也不能仅仅重视外在的美观，更应重视内涵建设。学校应将办学理念、目标追求等通过有形文化体现出来,让学生在潜移默化中去接受和领悟。

学校除了要加强物质文化建设以外,更需要加强精神文化建设。苏霍姆林斯基(1918—1970)说过:"学校必须是一个精神王国,而只有当学校出现一个'精神王国'的时候,学校才能称其为学校。"[①]学校本身就是一个教育教学机构,担负着教书育人的责任,因此,校园精神文化的建设就显得举足轻重。校园精神文化建设包括:社会主流文化的宣传、传统文化的弘扬、地域文化的传承、办学理念的凝练、校史校训的激励、良好的校风教风学风的养成等。学校是社会的一个组成部分,社会主流文化同时也是校园主流文化,因此要做好主流文化的宣传工作。要根据大学生的特点,采取灵活多样的手段和方法,注重主流文化宣传的效果和质量。同时,大学还是传统文化弘扬和地域文化传承的重要阵地,在校园精神文化建设中要注意传统文化和地域文化的渗透和体现,充分利用我国传统文化的地缘优势,提升校园文化的精神境界。此外在校园精神文化建设中,还应特别注重办学理念的凝炼以及良好校风教风学风的养成。学校的办学理念往往体现了学校的定位、精神追求和价值取向,对学生会具有极为重要的影响。如果学校的定位低、缺乏追求精神和明确的价值取向,很难想像学生能有大的作为。所以学校必须明确自己的办学目标、办学宗旨和办学方向,努力为学生提供更大的发展空间。校风是指一个学校的精神风貌,主要通过校训、校歌以及师生身上体现出来。校风体现在教师之间是否精诚团结,具有良好的团队协作精神;师生之间是否具有民主平等的关系,能够相互交流对话;学生相互之间是否友爱互助,齐心协力等等。教风是教师在长期教育实践中形成的教育特点和作风,它是

---

① [苏]苏霍姆林斯基:《给教师的建议》,杜殿坤译,教育科学出版社 1994 年第 2 版,第 128 页。

教师知识品德、教育理念、教育方法等综合素质的表现。教师应尽可能树立起教书育人、为人师表、严谨负责、诲人不倦、开放创新的教风,具备高尚的品德、执着的敬业精神、诚恳的做人原则和做人态度,以自己高尚的人格魅力来感染学生,给学生以人格示范作用。学风是学生在学习过程中表现出来的学习态度和学习风格,学风建设是要引导学生形成良好的学习习惯和思维习惯,勤奋刻苦、好学上进、勇于探索和思考、严谨求实、尊师重教。没有良好的校风很难形成良好的教风和学风,而良好的教风和学风也有利于良好校风的形成。良好的校风教风和学风对于大学生人格的培育和完善以及全面发展都具有极为重要的意义和价值。

如果撇开内容而单单从范围上来讲,除了学校整体的文化建设外,校园文化建设还应包括班级文化建设、宿舍文化建设、社团文化建设等。这些方面的文化建设是校园文化建设的一部分,并对整个校园文化构成不可忽视的重要影响。班级、宿舍以及社团作为学生之间、学生与老师之间相互交流的一种亚文化环境,对青少年的人格养成具有直接的影响作用。良好的班风、和谐的宿舍文明以及积极向上的社团活动都会对学生健康人格的形成产生积极影响。

无论是物质文化建设还是精神文化建设,都需要全体学校管理者、教师和学生的共同努力。校园文化建设是每一位教职员工和学生的职责,也只有参与到校园文化的建设中来才能真正体现我们作为校园文化人的存在。正如兰德曼所说,仅仅从社会环境出发还不足以说明人,如果人在社会中不参与创造文化产品,人依然不能获得人性的完善,不能成为完整意义的人。他说:"虽然我们属于一个社会结构,但仅仅这一点本身并不构成我们人性的完善。人性的完善只有通过参与文化产品(包括非社会的产品)才能发生。"[①]同样,人格的丰富和

---

①　[德]米夏埃尔·兰德曼:《哲学人类学》,张乐天译,上海译文出版社 1988 年版,第 220—221 页。

完善也只有通过参与文化创造才能实现。我们不是等待一种文化环境的诞生,而是通过积极参与文化创造主动地为人格培育创设良好的文化环境。所以兰德曼认为光有社会人类学是不够的,唯独文化人类学才触及问题的核心。人的存在和发展只有在文化创造中才能得以完善。

前面说过,人格的形成和发展离不开良好的文化环境。通过校园物质文化和精神文化的建设,可以为大学生人格培育起到良好的促进作用。大学生人格培育过程说到底是他们的社会化过程。由于大学生身处复杂的社会环境,接受社会文化的方式方法以及渠道多种多样,难免会受到一些不良文化内容的诱惑和影响,这就要求必须通过校园文化的建设,净化文化环境,为大学生的人格培育提供良好的条件。一所有明确价值目标追求、环境优美、开拓奋进的学校无论对于大学生积极健康的心态、坚毅果敢的性格、高雅的气质的养成,还是合理的需要、广泛的兴趣、高尚的理想、坚定的信念的形成都具有不可或缺的作用。当然,为了更有利于大学生的人格培育,除了加强校园文化建设外,还应加强社会文化以及家庭文化建设,通过多方面的共同努力,不断为大学生提供优化的文化环境,这是大学生能否形成积极健康的人格的重要因素。

总之,校园文化建设是一项长期而艰巨的任务,在建设过程中应紧紧围绕它的育人功能而展开,力争形成健康积极的校园文化力,为大学生人格培育搭建起扎实的文化平台。

第二十章　新时期道德建设与青少年人格培养

　　道德建设是我国现代化建设的一个重要组成部分,它对于青少年的人格培养具有重要意义。一方面道德建设中就内在地包含着对人格的培养,另一方面青少年人格的培养又会反过来促进道德建设。在我国,目前大力加强道德建设不仅是现代化建设的重要保证,而且其本身也是现代化建设的一项不可或缺的重要内容。与新时期道德建设相适应,青少年人格培养也呈现出新的特征,需要我们认真思考与对待。

一、新时期道德建设的特点

　　我国当前的道德建设,一个最为明显的特征就是道德理性化的加强,即道德建设越来越注重规范化、规则化,体现出道德建设的宏观设计和微观规制,这具体表现在我国有关道德建设的一系列方针、政策和制度上。

　　从总体上来说,我国目前的道德建设可以概括为:一个原则、两条途径和三项内容。一个原则是指"以德治国",也就是说把道德作为治理国家的重要手段。当然我们这里所说的"以德治国"是在"依法治国"的前提下来讲的,丢掉了"法治"的前提,就无法实现"德治"。两条途径是指内在途径和外在途径。内在途径是指个人通过道德修养,从自发的道德意识走向自觉的道德意识;外在途径是指通过社会舆论宣传和道德规范,形成良好的社会风气,从而达到社会教化和引导的效果。三项内容是指经济领域、政治领域以及社会生活领域的道德要求。在经济领域中,我们正在大力提倡德性经济,把个人利益与社会需要有机结合起来,反对只讲个人利益,不顾社会需要的极端个人主义做法;在政治领域中,通过《公务员道德建设规范》的制订和实施,使道德进一步制度化,并且发挥制度优势,全面促进政治生活领域的道德建设,同时为其他领域的道德建设提供保证;在社会生活领域中,通过《公民道德建设实施纲要》的贯彻执行,继承和发扬我国的优良传统道德,全面推进我国的道德素质以及民族素质的提高,为社会主义市场经济建设提供保障。

从我国目前的实际状况来看,我国的道德建设已经取得了初步成效,它对于我国各方面建设的影响也是持久和深远的,特别是在促进人的素质提高方面具有重要意义。通过我国一系列相关道德规范的制订和推行,使得人们始终牢记道德责任和道德义务,自觉培养自己的道德情感和提高自己的道德认知,增强自身的综合素质和素养。同样,在青少年的人格培养过程中,也应始终与道德建设相结合,发挥好道德的教化功能,培养青少年健康、积极的现代人格。

二、如何培养青少年人格

培养青少年人格,必须加强青少年的素质教育。而素质教育又是全面推进我国道德建设的必然要求。素质的本意是指事物本来的性质,今天我们通常把它理解成人在先天禀赋的基础上,通过教育和社会实践活动而发展、形成的一系列生理、心理的相对稳定的素养或特性。素质教育就是通过必要的教育手段和措施,使人的各方面的素养得到完善和提高。它通过完善人的个性,开发人的潜能,优化、完善人的素质,来为社会发展提供高素质的人才。

作为与人生息息相关的要素,人格的内涵极为丰富。它既包括人的性格、气质、能力等内容,又包括人的道德品质以及作为独立的权利、义务主体的资格。人格培养是素质教育的重要内容,但并不是人的所有素质都通过人格来表现。只有综合的、独特的素质才能表现为人格。从人与社会的关系上,我们可以把人格分为社会人格和自我人格,任何个人的人格都是社会人格和自我人格的统一。从社会人格上来说,人格具有时代的特征、带有时代的普遍性;从个体来说,人格又具有一定自我特征,各具特色。因此,一个风气良好、人们道德义务感强的社会,就越是能够塑造出适应社会发展需要的健康、积极的人格。青少年的成长代表着社会发展的方向和未来,尤其是其人格的培养,意义更其重大。

之所以强调和重视青少年人格的培养,是因为:一方面它是社会转型期的要求。我国目前正处在由计划经济向市场经济、传统社会向现代社会的转型期,处于转型期的社会带有不确定性、动荡性等特点,社会生活也显得更为复杂多变。我国在当前不仅提出了培育德智体美劳全面发展的社会主义建设者和接班人的任务,而且提出了培养社会主义新人的任务。青少年作为社会主义建设的主力军和接班人,迫切需要增强人格意识,培养人格精神,塑造健康人格;另一方面它是青少年健康成长的要求。在市场经济条件下,青少年很容易受到各种利益的冲击和诱惑,从而迷失方向,丧失斗志。人格培养任务的提出本身就表明:在社会转型时期,迫切需要人们能够顺应社会发展的要求,正确理解社会的发展方向和发展趋势,合理追求自身的独立性和自主性,找准自己的人格定位。尤其是青少年在成长过程中更是会遭遇各种困难和阻碍,这就要求社会加强积极引导,为青少年养成健康人格、实现健康成长提供良好环境和社会保障。同时,青少年也应顺应社会发展的需要,积极投身于健康人格的培养,增强人格培养的自觉性。

在当前,我们既要利用道德建设的成果来促进青少年人格培养,同时也应将青少年人格培养纳入道德建设之中。具体来说,我国青少年人格培养应着重注意以下几个问题:

第一,发挥道德在人格培养中的作用,不等于人格的道德化。道德品质是人格中的一项重要内容,因此,道德在人格塑造中具有举足轻重的地位。由于道德在人格中的重要性,有人甚至把人格就理解成道德人格。然而,培养道德人格仅仅是人格培养的一部分,不能把人格培养就理解成道德人格的培养,从而使人格道德化。从人格的发展角度来看,由于不具有一成不变的人性,因而人格也不是固定不变的。人格既表现出共时态的个体差异性,又表现出历时态的时代差异性。在人格发展史上,除了远古时代的自发人格外,在整个前资本主义时期,人格都带有明显的道德特征,呈现出道德人格的样态。但我们却不能将人格等同于道德人格,道德人格只是人类在特定历史阶段上的一种具体表现形式,而不是人格的唯一表现形式。从我国目前的实际情况来看,由于市场经济建设的发展,社会越来越趋于走向法治化的轨道,对于个体人格而言,不仅提出道德化的要求,而且提出法制化的要求。而鉴于社会主义市场经济建设的需要,培养青少年的法制人格显得更为紧迫,而且更为必要。因为在一个法治社会中,人格的法制化特征必然凸显出来,成为这个时代对个人的基本要求,因而人格的建塑必须能够符合社会发展的需要。

第二,加强社会责任意识。个人的发展离不开社会,而且个人只有在社会中才能够得到发展。这就要求青少年必须参与社会、关心社会、建设社会,通过社会的发展,来实现个人的自由和解放。尽管个人和社会之间存在着诸多矛盾,但是,这些矛盾又是我们目前必须面对的。只有通过全社会的共同努力,充分发挥每一个人的聪明才智,才能达到个人发展和社会发展的统一。这就意味着在青少年人格培养过程中,不能一味强调自我人格的特殊性,更要注重在统一的社会价值体系下形成的社会人格。具体来说,就是个人在社会主义核心价值观的引领下应自觉融入社会生活,通过自我奋斗,争取做一个对社会有价值、有贡献的人。

第三,增强个人的独立自主意识。青少年不仅要成为独立的道德主体,而且要成为独立的法律主体、政治主体和文化主体等,总之要成为社会主体,承担起社会的各种责任和履行各种社会义务。在现代社会中,个人具有独立自主意识这不仅是社会发展的需要,而且是社会文明和进步的重要标志。个人的独立自主意识反映到人格的培养中来,就是要保持个体自我的独立性。正如德国波鸿鲁尔大学吉塞拉·奈普教授所言:"人格教育所强调的目标是,一方面将全面发展和个性优势相结合,另一方面将适应环境与独立自主相结合,从而使个人的生活不会被对等级、专制的依赖性所阻碍。"[①]这表明:个人的社会人格不能取代自我人格,个人的身份人格。人格培养的目的不是要培养出千篇一律的人,而是要求个人必须遵循基本的社会规范和约束,形成既带有时代特征,同时又符合社会秩序要求的行事作风。在此前提下,个人还应保有自身的身份特征,体现自身的人格特点,这样才能展现个体的不同风采,保持自我的创造性和活力。

第四,针对青少年的自身特点,做到有的放矢。成人健康人格的塑造也许更应注重自身的修养,而对于青少年来说,则应该根据他们的生理、心理特征,寻找积极、有效的方法,进行多方面的、多种途径的引导。我国目前尚处在由计划经济向市场经济、传统社会向现代社会

---

① 王世洲主编:《人格》,北京大学出版社 2014 年版,第 87 页。

的转型时期,个体人格也处于不确定阶段,需要全社会加强人格教育,积极引导青少年在遵纪守法的前提下努力发展自身,激发创造潜能,形成独立自主的创造性人格。在人格培养方面,首先家庭责任重大。家庭是青少年人格培养的第一站,家长的言行举止、态度观念等等对青少年的人格养成具有直接的影响作用,需要引起高度重视。诸多事例表明:青少年的人格障碍、人格扭曲和人格分裂等等与家庭教育的缺失或误导有着密切关联;其次学校和教师担负着重要职责和使命。学校应成为青少年人格培养的主要阵地,教师则是学生人格培养的主要引领者,需要帮助学生树立正确的世界观、人生观和价值观,把健康人格培育作为学校教育的重要内容,促进青少年的健康发展;最后社会的良好环境和氛围有利于青少年健康人格的培养。在和谐社会中,在明确、统一的价值体系引导下,更能激发青少年积极投身于社会,不断完善自我人格,自觉在社会发展中实现自我发展。

总之,人格培养不仅是青少年健康成长的重要内容,而且是我国道德建设的一项重要内容。全面的道德建设有助于促进青少年人格的培养,而反过来加强青少年的人格培养又有助于推动我国的道德建设。在我国目前社会中,只有青少年形成积极壮健的现代人格,社会才更有活力和希望,才能最终实现由传统社会向现代社会、传统的人向现代的人的真正转变。

第二十一章　公务道德论

公务道德的提出是我国当前公务员制度逐步建立和完善的一种必然要求。完备的公务员制度的形成,需要相应的道德上的保障和支持,公务道德就是适应这种需要而产生的。与此同时,公务道德建设还是我国当前道德建设的一项重要内容。完善的公务道德既是公务员制度完善的重要保证,也必将促进我国道德建设的整体推进。

一、何谓公务道德

所谓"公务道德",是指国家公务人员在执行公务过程中所出现的道德行为和道德现象。公务道德建设之所以重要,是因为国家公务人员在行使职权或执行公务过程中,往往具有某种特殊的权力,如果公务人员不能合理地行使职权,就很可能造成权力的滥用,从而引发公务道德以及公务犯罪等问题。由于执行的是公务,代表的是国家公共利益,在公务人员的身上往往容易形成一种权力"漏斗"现象,即国家的整体强制力和权力通过公务人员个体的强制力和权力表现出来,造成个人权力的膨胀。公务人员在执行公务时无形中被赋予了特殊的权利,在"替政府办事"的心态下容易做出一些与其自身身份不相符合的事情。所以说到底,漏斗现象也就是权力膨胀现象。一旦国家公务人员心理上形成过分的权力意识,其权力膨胀现象就尤为严重。而且权力膨胀现象还不受公务的限制,它已远远超出了执行公务的范围,渗透到了社会生活的各个角落。这些做法不仅毒化了社会风气,更为严重的是破坏了政府形象,给党和国家造成了难以挽回的损失。可见,加强公务道德建设、树立公务人员的良好形象实在是刻不容缓、势在必行。

造成上述种种不正常现象的主要原因在于:国家公务人员担当着一定的职务、被免除了一些普通群众的限制,这就在客观上为其自由放任的行为提供了可能。因此,一旦政府部门监管不力或者公务人员自身自我约束不够都有可能导致权力的失控。一些国家公务人员在执行公务过程中习惯于把自己限制在执法者的范围,甚至以法律的化身自居,而把执法对象完全限制在被支配、控制的地位上。这样,执法者和被执法者在一开始就出现了权利不平等现象,从而为一些国家公务人员在执法过程中滥用职权、知法犯法留下了空间和余地。而被执法者一旦失去了平等权,也就相应地失去了应有的尊重,处于完全被动的境地,稍有不满或反抗即会遭致严厉的处罚。这样就形成了一种恶性循环:一些国家公务人员越是卖弄权势,群众就越畏惧;群众越畏惧,他们就越是卖弄权势。

国家公务人员执行的是公务,"公务"顾名思义就是指国家的公共事务。虽然国家公务人员执行公务的资格是由某个部门、机关确认的,但是从根本上说,执行公务的权利是由国家、人民赋予的,而不是某个部门、机关可以赋予的。从实质上讲,执行公务就是要代表人民的意愿,维护人民的共同利益。然而,在现实生活中,我们屡屡看到一些国家公务人员利用手中职务之便,以执行公务为名,大施淫威、颐指气使,甚至无法无天、为所欲为。因为是执行公务,是为政府、国家做事,所以这些人往往会堂而皇之地为自己的违规行为作辩护;同样因为执行的是公务,有关部门、机关也会为公务人员在执行公务过程中所出现的违规行为极力掩饰、袒护,甚至包庇、纵容,以维护本部门、本机关的"形象"。正因为如此,长期以来,在各行各业中,国家公务人员知法犯法、以权势压人、欺压群众的现象屡见不鲜,而且屡禁不止。凡此种种都说明:在公务员制度建设中,除了要大力加强法制建设之外,有针对性地加强公务道德建设已迫在眉睫、丝毫不容轻视。

二、如何建设公务道德

国家公务人员执行公务,首先当然要遵纪守法。随着我国公务员制度的逐步完善,国家也制定了一系列相应的法纪法规。对公务人员加强法制教育,增强法制意识,始终是有效执行公务的重要保证。国家公务人员既然是为政府做事,其行为就不只是代表个人行为,而是政府行为;其形象也不只是代表个人形象,而是政府形象。所以,从这个意义上来说,国家公务人员不应把自己等同于普通群众。这意味着他应当比普通群众的要求更高,更具有行为的自觉性、责任感和使命感,而不是优越感。另一方面,国家公务人员也要把自己看成是普通群众,而不是高高在上、高人一等,更不能够以强凌弱、欺压百姓。实践证明,国家公务人员什么时候不能很好地把握自己,给自己的行为以恰当的定位,什么时候就容易出现以为政府办事为名,盛气凌人、为所欲为的现象。可见,正因为国家公务人员执行的是公务,就更应该知法守法,自觉维护自身形象,从而维护政府形象,维护国家和人民的利益,这才能维护国家法律的尊严,维护国家公务的尊严。

其次,国家公务人员在依法执行公务的前提下,必须文明执行公务。既要依法又要文明,这是有效执行公务的双重保证。文明执行公务不是指循个人私情,该罚的不罚、该惩处的不加惩处,而是该罚则罚、不该罚则不罚,不能乱扣乱罚,想罚就罚、不想罚就不罚,更不应趾高气扬、耀武扬威。有鉴于国家公务人员公务行为的特殊性及其地位的重要性,就必须有相应的、明确的公务道德作为保证,从而对公务行为施加影响,切实保障公务行为的公平性和公正性。

公务道德与个体道德相比,往往更具有理性和规范性,它对道德行为主体的制约更具有强制性。个体道德往往是感性和不规范的,它对个人的约束不具有直接的强制性。个体遵从或不遵从个体道德,往往只是影响个体自身形象,并不直接关涉其他方面。公务道德则不然,它属于国家意识形态的范围,其针对的对象是国家公务人员,而不是普通群众,因而它在主观上有自觉性的要求,客观上有一定强制性的必要。不久前由国家人事部印发的《国家公务员行为规范》就从政治要求、思想品德、廉政勤政、秉公执法等方面对公务员的行为作出规定,明确了公务员应该做什么,不应该做什么。可见,国家公务人员是否遵从公务道德,绝不只是个人的事情。它不仅影响到个人形象,而且影响到政府形象,直接关涉国家、集体和他人的利益。所以,一个国家公务人员必须意识到职务意味着义务,权力意味着责任。公务人员一旦承担了公职,就不能只一心想着自己手中的权力,而要履行相关的义务。如果说国家公务人员需要想着自己的权力,那就是怎样合理地利用所掌握的权力为人民服务,为群众办实事。作为个体,国家公务人员首先要遵循一定的个体道德;而作为一个特殊个体,又要遵循一定的公务道德。公务道德不是从个体道德中直接引申出来的。但是,对于国家公务人员这一特殊的个体来说却具有普遍的适用性。基于此,加强公务道德建设,进一步规范公务行为就显得十分必要。

加强公务道德建设应着重做好以下几方面的工作:

第一,合理利用强势心理,避免权力膨胀。强势心理是指社会上的强势群体所产生的心理优越感。强势心理并不只是国家公务人员才会具有,而是整个社会的强势群体,如成功的企业家、私营企业主、影视明星等都有可能形成的一种社会心理。但是对于国家公务人员来说,客观上具有形成强势心理的便利。对于其他社会阶层的人士而言,往往只有成功者才会形成强势心理;而国家公务人员不管个人成功与否、成绩如何,只要担当了一定的社会职务,手中都会拥有某种特殊的权力,就会形成心理优越感。在这种强势心理的驱使下,小权力会变成大权力,大权力会变成强权,从而造成权力膨胀,严重干扰国家公务的有效行使。可见,能否合理利用心理强势,避免权力膨胀,对于国家公务人员自觉履行公务、严格执法具有十分重要的意义。心理强势运用得当,能够一身正气、以正压邪;心理强势运用不当,则会滥用职权、以势压人。国家公务执行的好坏,某种程度上就取决于心理强势运用的好坏。

第二,处理好权利与义务的关系,增强责任感。国家公务人员在执行公务过程中,直接是为某个特殊的部门或机关服务,并向其负责,如税务部门、公安部门等,所以,执法人员往往就具有了职能部门所赋予的某种特殊的权利,如税务人员拥有征税的权利,公安人员拥有逮捕、搜查的权利。如果执法人员不能很好地对待这种特殊权利,就容易形成权利与义务的失衡,造成权力的滥用。事实上,在日常生活中,在执法人员的身上就常常会出现片面义务感,以为只须向职能部门负责,只要能够完成任务,可以不择手段、冷酷无情,而无须考虑别的事情。所以,对于各级职能部门来说,在执法人员履行职责之初,就应注意加强引导和教育,强化对整个社会的责任和义务,而不是助长其权势欲、优越感,更不应在出现问题之后,极力掩饰、多方袒护。执法部门不仅是一个权力部门,而且是一个监督部门、教育部门。执法部门监管不力、没有很好地担当起教育的职责,也是造成权力膨胀现象的重要原因。所以,处理好权利与义务的关系,增强责任感,既是执法人员的义务,也是执法部门应尽的责职,必须齐抓共管,才能收到更好的成效。

第三,处理好公共权力与个人私利的关系,加强自身观念改造。

由于执行的是公务,一方面国家公务人员利用手中职务之便,很容易把国家的权力转化为个人的权力,并利用这种权力为自己谋取私利,而且往往还冠冕堂皇、自欺欺人。另一方面一部分国家公务人员确实不是为了谋取个人私利,工作也认真负责、兢兢业业。但是,正因为他不是谋取个人私利,所以便底气十足、横行霸道,认为是为公家办事,就不该受到过多的约束和指责。一旦出了问题,还感到非常委屈,觉得自己只是为公家办事,又不是怀有私心、谋取私利。以上这两类现象的出现,都与没有很好地处理好公共权力与个人私利的关系有关。**第一种现象是国家公务人员利用手中所掌握的国家权力谋取个人私利,对于此类现象,情节严重的要开除、辞退,如果触犯了法律则要接受法律的制裁。**对于情节不很严重的,必须加强自身的观念改造,认清公共权力的神圣性,真正做到为国家负责、为人民负责,而不只是为某个部门负责,更不应把手中所掌握的公共权力作为谋取个人私利的工具。第二种现象是目前社会上比较普遍的现象,必须引起高度的重视。通过具有一定强制性的公务道德的实施,使公务道德制度化、规范化,增强国家公务人员遵守公务道德的自觉性,做好事先要做好人。要使每一个国家公务人员都充分意识到为"公家"办事,就是为群众办事;为群众办事,就是要按章办事。只要能够按章办事、一身正气,不循私情、不计私利和个人得失,就能够赢得人民的拥护和支持。

总之,公务道德的完善,不仅是规范公务行为、维护政府形象以及净化社会风气的必然要求,而且对于当前我国道德建设具有十分重要的意义。通过有针对性地加强公务道德建设,我们有理由相信我国的公务员制度会更加完善,党能够更加赢得民心,国家将不断走向自由、民主和富强。

第二十二章 体面劳动：从理念到践行

"体面劳动（decent work）"是由国际劳工组织提出的一个劳动理念。它是指根据就业人员自身和其所属集体的条件，保障其自由、安全、尊严和公正的劳动。它要求通过促进就业、加强社会保障、维护劳动者基本权益，以及开展政府、企事业单位和工会三方的协商对话，来保证广大劳动者在自由、公正、安全和有尊严的条件下工作；它旨在促进男女在自由、公平、安全和具备人格尊严的条件下，获得体面的、生产性的可持续工作机会；它的核心在于使劳动者的劳动权利得到保护，有与其劳动相当的劳动收入、充分的社会保障和足够的工作岗位。它的伦理意蕴在于给予劳动者人格上的尊重，使劳动者在劳动中确证自己的自由存在本质，感受生命的价值和意义。

体面劳动理念的提出有其特定的社会历史背景，它与国际劳工组织此前采取的一系列尊重劳动者劳动权利的举措密切相关。早在1995年世界首脑会议上，与会各国政府领导人就达成共识，首次提出了劳工标准概念，旨在提高劳工地位，为劳工提供各种社会保护。在1998年国际劳工大会上，国际劳工组织又通过了《国际劳工组织关于工作中基本原则和权利宣言及其后续措施》，进一步将劳工标准称为"工人的基本权利"，对劳动者人身权益、健康安全、就业机会等作了明确要求，并对用工中违反伦理道德的情况作了具体规定。在此基础上,1999 年 6 月的第 87 届国际劳工大会上,国际劳工组织总干事胡安·索马维亚首次提出了"体面劳动"概念,这既反映了劳动者劳动权利的直接诉求,同时也是尊重劳动者劳动权利的一个贴切而形象的称谓。这一概念所表达的内涵恰与国际劳工组织保护劳工权益的理念一致,故而一经提出立即得到国际劳工组织的认可,不仅围绕它制定和实施了《体面劳动议程》,而且在 2005 年联合国大会上,还正式把体面劳动作为联合国系统推动实现的千年发展目标之一。在 2008 年的国际劳工大会上又通过了《国际劳工组织关于促进社会正义、实现公平全球化宣言》,把体面劳动从理论倡议上升为所有成员国都必须努力达成的目标。国际劳工组织认为,环境压力、对经济的不安全感、政府管理的缺失以及不平等的收入分配等是导致"非体面劳动"的主要原因。因此要达到体面劳动,就需要保护劳动者权利,保障劳动者享有足够收入和工作机会,使劳动者获得充分的社会保护。体面劳动之所以为"体面"劳动,从根本上讲就是诉诸对劳动者劳动权利的尊重,而是否尊重劳动者的劳动权利也就成为衡量劳动体面性的关键。

国际劳工组织从最初基于保护劳工的合法权益和劳动权利出发,到后来提升到对体面劳动的诉求和理念,一方面反映了在全球范围内劳动者的实际劳动状况还不尽如人意,劳动者的劳动权利和合法权益尚未得到充分的尊重和应有的保护,这在落后国家以及发展中国家表现得尤为突出和明显;另一方面表明随着世界经济的发展,人类文明程度的提升,人们越来越意识到对劳动者劳动权利的尊重是保障人权的重要内容,同时也是发展生产的有效方式。体面劳动既体现了对劳动者的尊重,又是更高效、更有质量的劳动。在体面劳动中,对于个人而言,它是快乐的有激情的劳动,能够彰显个人的生存价值,激发人的潜能;对于社会而言,它有利于保障人权,维护社会稳定,推进社会文明程度的提升;对于用人单位而言,它可以使生产更有活力和生机,能够在同样的劳动时间内创造出更多的劳动价值。因此,体面劳动不仅关乎劳动者个人利益,而且具有重要的社会意义和经济价值。

对劳动者劳动的尊重,根本上是对作为人的劳动者人格的尊重。在目前社会阶段上,劳动仍然是人们的主要生存方式。一个人在劳动中受尊重,他才能以自己的劳动为荣,有足够的自信和尊严感,并从劳动中获得快乐和愉悦。在现代社会生活条件中,要让劳动者有尊严地活着,就必须实现体面劳动。尊严是劳动者体面的保证,没有尊严便没有体面。如果劳动者在劳动中获得的不是尊严而是屈辱,不是爱护而是损害,又何言体面？只有在人格上尊重劳动者,才能够以平等的态度对待劳动者。善待劳动,实质上就是善待劳动者。

近年来,我国政府在执政理念上强调以人为本,贯彻尊重劳动、尊重知识、尊重人才、尊重创造的方针,维护和发展劳动者的利益,保障劳动者的权利,体现了对劳动及劳动者的尊重。党和国家领导人也多次提出要让劳动者生活得更加体面、更有尊严,把实现体面劳动看成是以人为本的要求,提出要切实发展和谐劳动关系,建立健全劳动关系协调机制,完善劳动保护机制,让广大劳动群众实现体面劳动。但从我国市场经济建设的实际状况来看,由于我国目前尚处于社会主义初级阶段,社会主义市场经济体系尚未完全建立,在劳动过程中尚存在着诸如工作生活环境差、非人性化管理、劳动时间过长以及工资低廉等问题,劳动者的劳动权利和合法权益未能得到足够尊重和保护等。基于此,首先我们必须树立起体面劳动的理念,对劳动者的劳动权利有充分的认识并给予应有的尊重。其次是改善劳动者的就业环境和劳动条件,这是用人单位应当担负的个体责任,同时也是应尽的社会义务。再次是提供公平的就业机会和合理的劳动收入。一方面用人单位在就业机会上不应存在性别、年龄和城乡地域等歧视,应根据个人能力、特长并结合实际需要提供相应的工作岗位;另一方面在劳动收入上坚决反对故意压低职工工资,寻找种种理由和借口克扣、拖欠职工工资等行为。要通过同工同酬和职工福利等体现对劳动的尊重和保护,不仅营造良好的劳动氛围,提供舒适的工作环境,而且真正实现按劳取酬,合理分配。最后则是要建立健全社会保障制度,解除劳动者的后顾之忧,维护劳动者的利益。

只有在制度上予以确认和保障,体面劳动最终才能有效实施并取得成效。

主要参考书目

1. Wilhelm Reich：*Character Analysis*，New York：Noonday Press，1972.

2. Wilhelm Reich：*The Sexual Revolution*，New York：Farrar, Straus and Giroux，1971.

3. Erich Fromm：*Escape from Freedomm*，New York，Harper & Row，1956.

4. Max Weber：*The Protestant Ethic and The Spirit of Capitalism*，Charles Scribner's Sons，New York，1958.

5. Victor Barnouw：*Culture and Personality*，The Dorsey Press，1973.

6.《马克思恩格斯选集》(1—4卷)，人民出版社1995年版。

7.《马克思恩格斯全集》(第1卷)，人民出版社1979年版。

8.《马克思恩格斯全集》(第4卷)，人民出版社1958年版。

9.《马克思恩格斯全集》(第22卷)，人民出版社1972年版。

10.《马克思恩格斯全集》(第23卷)，人民出版社1972年版。

11.《马克思恩格斯全集》(第26卷·Ⅰ)人民出版社1973年版。

12.《马克思恩格斯全集》(第26卷·Ⅲ)，人民出版社1975年版。

13.《马克思恩格斯全集》(第30卷)，人民出版社1995年版。

14. 《马克思恩格斯全集》(第 42 卷)，人民出版社 1979 年版。

15. 《马克思恩格斯全集》(第 46 卷·上、下)，人民出版社 1979 年版。

16. 《马克思恩格斯全集》(第 47 卷)，人民出版社 1985 年版。

17. ［德］马克思：《1844 年经济学—哲学手稿》，人民出版社 1979 年版。

18. ［英］亚当·斯密：《国富论》，郭大力、王亚南译，商务印书馆 1972 年版。

19. ［印度］阿马蒂亚·森：《伦理学与经济学》，王宇译，商务印书馆 2001 年版。

20. ［德］尼采：《快乐的科学》，余鸿荣译，中国和平出版社 1986 年版。

21. ［德］海德格尔：《存在与时间》，陈嘉映、王庆节合译，生活·读书·新知三联书店 1987 年版。

22. ［法］加缪：《西西弗的神话》，杜小真译，陕西师范大学出版社 2003 年版。

23. ［德］叔本华：《叔本华思想随笔》，韦启昌译，上海人民出版社 2005 年版。

24. ［苏］苏霍姆林斯基：《给教师的建议》，杜殿坤译，教育科学出版社 1994 年第 2 版。

25. ［奥］威廉·赖希：《法西斯主义群众心理学》，张峰译，重庆出版社 1990 年版。

26. ［奥］威廉·赖希：《性革命》，陈学明等译，东方出版社 2010 年版。

27. ［德］赫伯特·马尔库塞：《单向度的人》，张峰、吕世平译，重庆出版社 1988 年版。

28. ［德］埃里希·弗罗姆：《逃避自由》，陈学明译，工人出版社 1987 年版。

29. ［德］埃里希·弗罗姆：《寻找自我》，陈学明译，工人出版社 1988

年版。

30. 〔德〕艾里希·弗洛姆：《健全的社会》，孙恺祥译，上海译文出版社 2011 年版。

31. 〔波兰〕亚当·沙夫：《人的哲学》，程孟辉译，江苏人民出版社 1988 年版。

32. 〔法〕让-保罗·萨特：《存在主义是一种人道主义》，周熙良、汤永宽译，上海译文出版社 1988 年版。

33. 〔俄〕尼古拉·别尔嘉耶夫：《人的奴役与自由》，徐黎明译，贵州人民出版社 2007 年版。

34. 〔俄〕尼·别尔嘉耶夫：《自由的哲学》，董友译，广西师范大学出版社 2001 年版。

35. 〔俄〕别尔嘉耶夫：《自我认知》，汪剑钊译，上海人民出版社 2007 年版。

36. 〔俄〕别尔嘉耶夫：《精神与实在》，张百春译，中国城市出版社 2002 年版。

37. 〔美〕马斯洛：《马斯洛人本哲学》，成明编译，九州出版社 2003 年版。

38. 〔奥〕阿德勒：《阿德勒人格哲学》，罗玉林译，九州出版社 2004 年版。

39. 〔瑞士〕荣格：《荣格性格哲学》，李德荣编译，九州出版社 2003 年版。

40. 〔德〕恩斯特·布洛赫：《希望的原理》（第一卷），梦海译，上海译文出版社 2012 年版。

41. 〔奥〕弗洛伊德：《释梦》，孙名之译，商务印书馆 2005 年版。

42. 〔美〕托马斯·内格尔：《人的问题》，万以译，上海译文出版社 2000 年版。

43. ［美］L. A. 珀文：《人格科学》，周榕等译，华东师范大学出版社2001年版。

44. ［美］V. 巴尔诺：《人格：文化的积淀》，周晓红等译，辽宁人民出版社1989年版。

45. ［美］罗尔斯：《正义论》，何怀宏等译，中国社会科学出版社1988年版。

46. ［德］恩斯特·卡西尔：《人论》，甘阳译，上海译文出版社1985年版。

47. ［德］米夏埃尔·兰德曼：《哲学人类学》，张乐天译，上海译文出版社1988年版。

48. ［德］海德格尔：《存在与时间》，陈嘉映、王庆节译，生活·读书·新知三联书店1987年版。

49. ［法］让-弗朗索瓦·利奥塔：《后现代主义》，赵一凡等译，社会科学文献出版社1999年版。

50. ［德］鲁道夫·奥伊肯：《新人生哲学要义》，张源、贾安伦译，中国城市出版社2002年版。

51. ［美］拉尔夫·林顿：《人格的文化背景——文化、社会与个体关系之研究》，陈学晶译，广西师范大学出版社2007年版。

52. ［俄］巴赫金：《弗洛伊德主义》，佟景韩译，上海文艺出版社1988年版。

53. ［美］英格尔斯：《人的现代化》，殷陆君译，四川人民出版社1985年版。

54. ［德］彼得·科斯洛夫斯基：《后现代文化——技术发展的社会文化后果》，毛怡红译，中央编译出版社1999年版。

55. 《欧洲哲学史原著选编》，福建人民出版社1985年版。

56. 张一兵、胡大平：《西方马克思主义哲学的历史与逻辑》，南京大学

　　出版社 2003 年版。

57. 张之沧、龚廷泰等：《从马克思到德里达》，人民出版社 2002 年版。

58. 李江涛、朱秉衡：《人格论》，辽宁人民出版社 1989 年版。

59. 许金声：《走向人格新大陆》，工人出版社 1988 年版。

60. 杨适：《中西人论的冲突——文化比较的一种新探求》，中国人民
　　大学出版社 1991 年版。

61. 姚大志：《现代之后》，东方出版社 2000 年版。

62. 武斌：《现代西方人格理论》，辽宁人民出版社 1989 年版。

63. 姚辉：《人格权法论》，中国人民大学出版社 2011 年。

64. 陈仲庚、张雨欣编著：《人格心理学》，辽宁人民出版社 1986 年版。

65. 王世洲主编：《人格》，北京大学出版社 2014 年版。

66. 潘宝明：《淮扬文化概观》，南京师范大学出版社 1997 年版。

67. 孔燕等：《大学生心理健康教育》，安徽人民出版社 2001 年版。

68. 冯俊科：《西方幸福论》，吉林人民出版社 1992 年版。

69. 龚群：《道德哲学的思考》，河南人民出版社 2003 年版。

70. 郭湛：《主体性哲学：人的存在及其意义》，云南人民出版社 2002
　　年版。

后　记

这本小书是本人近年来对人格问题研究的一个阶段性的总结。就我而言，对人格问题的持续关注和研究既可以说是偶然，也可以说是必然。说它偶然，是因为当初写作有关人格方面的文章只是出于个人喜好，并无深层的考量；说它必然，是因为人的问题始终是我所关注的核心内容，这不光是与个人的兴趣有关，更是因为随着我国由传统社会向现代社会的逐渐转型，人的转型问题越来越成为我们必须面对和思考的重要时代课题，需要我们认真对待和重视。对人格问题的哲学思考理应成为我们这个时代的重要思想内容，并为个体的人格塑造指明方向，提供理论指导。

近年来本人主持和完成了有关中、外人格问题的国家以及省部级研究课题多项，陆续发表了一些与人格问题相关的论文。此次能够成书出版，承蒙南京师范大学公共管理学院哲学系和上海三联书店的大力支持，在此表示衷心感谢。由于时间跨度较大，加之社会发展迅速，书中难免有一些内容陈旧以及错漏之处，恳请专家学者批评指正。

徐　强

2019.5.7

图书在版编目（CIP）数据

人格转型论/徐强著.—上海：上海三联书店，2019.12
ISBN 978 - 7 - 5426 - 6847 - 9

Ⅰ.①人…　Ⅱ.①徐…　Ⅲ.①人格—研究　Ⅳ.①B825

中国版本图书馆 CIP 数据核字（2019）第 248008 号

人格转型论

著　　者 / 徐　强

责任编辑 / 张大伟

装帧设计 / 徐　徐

监　　制 / 姚　军

责任校对 / 朱　强

出版发行 / 上海三联书店

　　　（200030）中国上海市漕溪北路 331 号 A 座 6 楼
邮购电话 / 021 - 22895540
印　　刷 / 上海惠敦印务科技有限公司

版　　次 / 2019 年 12 月第 1 版
印　　次 / 2019 年 12 月第 1 次印刷
开　　本 / 640×960　1/16
字　　数 / 190 千字
印　　张 / 13.75
书　　号 / ISBN 978 - 7 - 5426 - 6847 - 9/B·661
定　　价 / 58.00 元

敬启读者，如发现本书有印装质量问题，请与印刷厂联系 021 - 63779028